イチゴ学への招待

日本イチゴセミナー編

目次

| 第1章 | はじめに | 織田 弥三郎 | 5 |

第2章　イチゴセミナーとシンポジューム
　　　A　日本イチゴセミナー点描　　　織田 弥三郎　前窪 伸雄　　11
　　　B　国際イチゴシンポジュームの点描　　織田 弥三郎　　15

第3章　イチゴとは
　　　A　イチゴは野菜か、果物か　　　施山 紀男　　18
　　　B　美味しいイチゴの選び方　　　川里 宏　　20
　　　C　イチゴの香り　　　上田 悦範　　24

第4章　日本の各地で育成された代表的品種
　　　A　関東地域で育成された品種　　　宇賀神 正章　　27
　　　B　東海・中部地域で育成された品種
　　　　　　　　　　　　　　　　　竹内 隆　加藤 賢治　森 利樹　　31
　　　C　九州地域で育成された品種　　　沖村 誠　三井 寿一　中島 寿亀　　35

第5章　イチゴの生まれ故郷、名前の由来及び生育サイクル
　　　A　栽培イチゴの生まれ故郷　　　織田 弥三郎　　39
　　　B　和名：イチゴの名称の由来　　　織田 弥三郎　風間 智子　　45
　　　C　露地イチゴのライフサイクル（生活環）　　　施山 紀男　　49

第6章　注目すべき日本のイチゴ研究の成果
　　　A　野生種から香りを導入したイチゴ品種「桃薫（とうくん）」
　　　　　　　　　　　　　　　　　　　　　野口 裕司　　51
　　　B　種子を蒔いて栽培するイチゴ新品種「よつぼし」
　　　　　　　　　　　　　　　　　　　　　森 利樹　　53
　　　C　休眠回避と果実の連続収穫（四季成り化）
　　　　　　　　　　　　　　　　　　　　　久富 時男　　54
　　　D　低収を引き起こすイチゴウイルス病とその無毒化
　　　　　　　　　　　　　　　　　　　　　吉川 信幸　　57
　　　E　多収穫の基礎としての光合成研究　　　阪本 千明　　60

| 第7章 | 日本のイチゴの主な生産地 | 中野　正久 | 70 |

第8章　激動する世界のイチゴ生産　　　　　中野　正久　　　　　　73

第9章　日本に隣接する海外のイチゴ生産
　　　　A　米国カリフォルニア州のイチゴ生産
　　　　　　　　　　　　　　　　　織田　弥三郎　片橋　久夫　　76
　　　　B　中国のイチゴ生産　　　　　李　新賢　　　　　　　81
　　　　C　台湾のイチゴ生産　　　　　李　國譚　頼　羿均（日訳）　87

第10章　イチゴの楽しみ
　　　　A　イチゴジャム　　　　　　南場　芳恵　　　　　90
　　　　B　餅の歴史と、大阪のいちご大福の話　　菊田　正春　　95

第11章　イチゴ研究の未来を切り開く
　　　　A　イチゴのDNA分析からわかること　　磯部　祥子　　97
　　　　B　完全人工光型植物工場でのイチゴ生産　和田　光生　　99

第12章　アジアに自生する野イチゴ
　　　　A　日本、朝鮮半島、樺太に自生する野イチゴ
　　　　　　　　　　　　　　　　　織田　弥三郎　阪本　千明　　103
　　　　B　中国大陸、台湾に自生する野イチゴ
　　　　　　　　　　　　　　　　　李　國譚　織田　弥三郎　　106

第13章　付録　昔を振り返ってみる人間とイチゴの係わり
　　　　A　ネパールでは今でも野イチゴを摘む　西岡　京治、里子　108
　　　　B　太陽熱で石を温めイチゴの早出し栽培（石垣栽培）
　　　　　　　　　　　　　　　　　織田　弥三郎　　　　　109

索引　　　　　　　　　　　　　　　　　　　　　　　110
謝辞、編集後記及び表紙の説明　　織田　弥三郎　上田　悦範　菊田　正春　114
監修者　編集者　共著者　協力機関等　　　　　　　117

第1章　はじめに

織田　弥三郎

日本人とイチゴ

　イチゴは、いまでは日本で最もよく知られた果物の一つとなり、大都市ではほぼ年中店頭に見られる様になった事は誰もが実感している所です。

　第2次大戦後の経済発展を背景に、日本のイチゴ栽培は比較的安価で保温効果の優れた農業用ビニールの導入を契機に近郊の露地栽培から、被覆下の栽培へ大変化を遂げました。イチゴの生理・生態研究と休眠のより浅い（秋−冬の気温・短日條件下でも株が矮小化しにくく生産性が高い）品種の育成とが相まって、出荷の最盛期も徐々に前進し、今では真冬から晩春に市販されています。形が可愛く真赤で、素敵な香りのデザートの王様になりました。「いちご大福」と言う和

表1−1　わが国でイチゴが付く植物の和名・植物の科・属ならびに種の数

（植村）

科・属	種の数	実例	
		和名	学名
1．バラ科 キイチゴ属	72	クサイチゴ	*Rubus hirsutus* Thunb
キジムシロ属	6	オオヘビイチゴ	*Potentilla recta* L
オランダイチゴ属	5	シロバナノヘビイチゴ	*F. nipponica* Makino
ヘビイチゴ属	2	ヘビイチゴ	*Duchesnea chrysantha* Mig.
小計	85		
2．イネ科	13	イチゴツナギ	*Poa sphondylodes* Trin.
3．クワ科	2	イチゴイチジク	*Ficus crassiranea* Mig.
4．ツツジ科	2	イチゴノキ	*Arbutus unedo* L.
5．アカザ科	1	イチゴアカザ	*Chenopodium foliosum* Asechen
6．イラクサ科	1	ヤナギイチゴ	*Debregeasia edulis* Wedd.
7．フトモモ科	1	イチゴグァバ	*Psidium littorale* Raddi.
総計	105		

図1-1 イチゴの木；秋には赤熟する（山住一郎氏提供）

表1-2　世界各国における栽培イチゴの呼び方（織田）

東アジア		
日本	中国	朝鮮半島
イチゴ	チャオメイ	タルギー
苺	草莓	딸기
莓		
ストロベリー		

欧州					
アングロサクソン	ゲルマン			ラテン	
英国	ドイツ	オランダ	フランス	イタリア	スペイン
Strawberry	Erdbeere	aardbein	fraise	fragola	fresa

菓子の材料など、日本人にとってイチゴは嗜好性の高い身近な果物になったと思います。

　イチゴと言う名称は、千年以上も昔の平安京の時代から我が国に存在した名前で、「和名；イチゴ」は日本で生まれた固有の名称なのです。清少納言の「枕草子」には「あてなるもの（上品なもの）…中略…。いみじう美しき稚児の、いちごなど食ひたる」の一節がありますが、枕草子に書かれたイチゴは日本人が現在食べているイチゴではありません。それは人里近い山に自生し、採取されたキイチゴだったのです（図1-2）。

　日本のオランダイチゴの仲間（*Fragaria* 属の野生種）の自生地が標高の高い山や、東北や北海道に限定されるためか、日本人の本草学者（漢方薬医など）が、日本原産のオランダイチゴの仲間を図鑑に描いたのは江戸時代の末（岩崎灌園；1828年）になってからでした。アイヌの人々や山伏の様な人々は別として過去

図1-2　モミジイチゴ（*Rubus palmatus* var. *coptophyllus*）（織田）

図1-3　ベスカイチゴ *F. vesca* Coville の果実（織田）

の日本人とオランダイチゴは縁遠い関係でした。

　これに対し、夏も比較的涼しいヨーロッパの殆ど全域に自生する野イチゴ（ベスカ、和名；エゾヘビイチゴ）は人里にまで生える植物であり、人々は果実の香りを愛でその小さい実が熟する季節には摘取り、楽しみました。また有史前から庭に移し栽培も始めたとされています。今も主にフランスなどラテン系の諸国では、特別の小さいケースに入れたベスカが大きな近代栽培イチゴとは区別され、マーケットで高く売られているのはその名残です（図1-3、図1-4）。

　そのヨーロッパに、18世紀の半ば頃、慣れ親しんだベスカなどに比べ巨大な果実の新種が突如出現し、その由来も謎のまま人々は香りがパインアップルに似ている事からパインイチゴとかアナナスイチゴと呼び、話題となったのが現在の栽培イチゴです。

図1-4　ベスカイチゴの花、果実、株（野口）

　イチゴ好きの読者の皆さんは、こんなイチゴの隠れた数々のエピソードをご存じだったでしょうか？　本書からは、イチゴは果物か野菜か？　また、消費者には最大の関心事である美味しいイチゴを選ぶのは、何を目印にして選べば良いのか等のイチゴに関する数々の疑問に答えが得られるでしょう。

　世界のイチゴ生産の移り変わり
　栽培イチゴの生産を近年の統計で見ると、凄い変動ぶりが分かります。ヨーロッパでは、第2次大戦後のイチゴの消費増大を背景に、生産と消費の相互補完的な国際的な流通システムと企業化が進み、イチゴの苗生産と果実の収穫との分業、保蔵と輸送のシステムが形成されたのです。
　しかし、第2次大戦後しばらくして、イチゴの研究や生産の中心は経済力の勝る米国に移ります。さらに米国東部の州から、西部のカリフォルニア州の海岸地帯の稀に見る天然の多収地帯へと移動しました。その訳は、州の沖合をながれる海流の水温、州の背後にある砂漠からの風向（海風と陸風）のため、夏でも昼間の気温は冷涼、逆に冬でも夜温は温暖に保たれ、一年を通じてイチゴの成長や開花・結実に適温だったからです。そのため、イチゴの収穫期間は長期化し、単位面積当たり多収（州平均でも6.7トン/10a）となり、長年、生産量で世界一をリードしました。その成功のもう一つの理由には、カリフォルニア大学や民間企業のイチゴ品種育成の先進的な成果と普及があります。またそれを経済的に支援した Strawberry Broad の様な支援団体との連携と協力の成果も見のがせません。

図1-5　イチゴの高設栽培（織田）

ただし、近年その基盤を成す生産技術にも、大企業化にも弊害が目だって来ています。最近のイチゴの生産量から見る現状は、今や米国からアジアへ移り変わりました。中国の躍進です。

日本のイチゴ生産

翻って日本のイチゴ産業は、どうであったでしょうか？　普及所と個々の農家とのつながりはあったものの、研究機関と生産者団体との密接な連携などはなく、官主催の研究者だけの交流があっただけでした。

しかし、生産量自体は、第2次大戦後の経済の発展による需要の高まりから、近郊の露地栽培からトンネル栽培へ、ビニール被覆のハウス栽培へと発展し、生産地も消費地から遠く離れた地域に中、大型ハウス化などの新生産地が形成され、ハウス内の施設の重装備化も進みました。しかし他方では労働力不足、生産者の高齢化も進み、その対策として高設栽培の採用を志向したのでした（図1-5）。

日本のイチゴ生産は家族労働力を主単位にした小規模経営であるため、苗生産と果実収穫を分業化し、雇用による大規模企業的な経営へ積極的な脱却を試みる

事はできませんでした。現在も行われている収穫物の人手による箱詰め作業は、それが家族経営労力において大きく占めていると指摘されながらも、いまだに改善はされていません。そして、現在の産地県の関心事は生産物のブランド化を目指す方向なのです。

　それでも1970年代は全国の総生産量は20万トンを超え、世界のランキング3～4位の生産大国でありました。東西の農業試験場では、競って年末に向けて早出しの生産技術の研究や、この方向に適する新品種への改良がなされたのです。また、こうした日本の血のにじむ様な研究の成果は、どんどんお隣のアジアの国々へと海外流出もしました。

　農業軽視の社会的風潮のせいか、近年は生産者には後継者も少なく、生産者自身の高齢化などで、総生産量は年々目に見えて減少を始めています。その対策として高設栽培（栽培床を地上より高くした人工養液栽培）が導入されましたが、それも限界がありましょう。さらに、TPP（Trans-Pacific Partner-ship）の様な、全農産物の市場の開放が進めば、日本のイチゴ需要最盛期の年末には、南半球の収穫最盛期の生産諸国から安価ながら品質の劣るイチゴがどっと輸入される恐れがあるかもしれません。その対策には、これまでの研究の方向を変えて、国内産の高品質で安全な日本のイチゴを国際価格に近い価格で供給しなければなりません。一層の多収の生産技術の開発、収穫方法や収穫の調整段階を含めて生産コストを切り下げ、販売のシステムの改善を図る必要があります。

　本書はイチゴを愛する消費者や生産者に、世界と日本のイチゴ生産の現状を統計からお知らせするとともに、過去の優れた研究や未来へ向けた研究、また我々の研究公開活動もあった事もお知らせしたいと願って刊行するものです。研究情報の収集と本書の刊行に大変多くの方々からご尽力とご支援を頂きましたことに厚く謝意を表します。

　ただ、執筆者が多数のため査読の限界もあり、文の表現の違い、内容の重複などが見られる点はお許しを願いたいと思います。

第2章 イチゴセミナーとシンポジューム

A 日本イチゴセミナー点描　　織田 弥三郎　前窪 伸雄

　日本イチゴセミナーの開催は最初私と専攻生のイチゴの勉強会から始まりました。折しも日本のイチゴ生産量の統計を見た諸外国の研究者が来学するようになり、私はそれを生の海外情報を直接知る機会として、近隣の農試へも勉強会への参加を呼びかけました。参加者は次第に増え、学科の会議室では入りきれなくなり、新規に出来た［学術交流会館］へ会場を移しました。

　参加者の資格には、「イチゴに関心の有る人は所属に無関係」とし、毎回、セミナーの後、参加者に本セミナーへの要望と次回開催をアンケート調査しました。講演者には当セミナーの講演を主体とした記事の「紀要」を無料で配布しました。講演の講師は日本の農試の方々を主体に、私の知り合った海外の研究者（米、英、仏、蘭、伊、ベルギー、タイ、台湾等）の方々で、講演を無償で引き受けてくださいました。

　大きくなった「日本イチゴセミナー」の運営は、参加費の他は、各県農試の関係者の無料奉仕、府大の専攻生、他に民間の人たちのボランティアで成り立っていました。紀要の印刷や実務は日刊化学工業新聞社の大和田宏氏が休日も返上し短期間に印刷などの実務を行ってくださいました。

　アンケートの毎年開催を求める要望に応えて毎年、大阪府立大学（10回）での開催のほかにもイチゴの生産県8県（福岡、岐阜、栃木、愛知2回、千葉、静岡、熊本、徳島）で、農試関係者の皆さんの御協力で開催できました。

　1990年に私は大阪府立大学から横浜国大へ転職したため、こうした大きな事務量・当日の実務をこなすボランティアをまとめる事が出来なくなり、さらに従来は無料であった大ホール等の使用も、大学の「諸施設の受益者負担」が開始されたため、無料又は廉価での施設の使用は困難となり、19年間、長らく続いた集会セミナー方式から、公開の講演や執筆活動へ方針を変えざるを得ない事態になりました。私の信条としては、こうした活動は生産者やイチゴの主産県、研究者、皆さんの自由な発想と自主活動が必要であると今も思っています。ここでは「日本イチゴセミナー」の活動を写真の点描で紹介いたします。

第 19 回セミナーの執行部一同

セミナー聴衆、毎回 600〜700 名参加

片橋夫人（通訳）シンプソン氏（英）
ベントフェルツセン氏（オランダ）と織田

フランスのルーディアック氏大学内視察

フロリダ大学イチゴ炭疽病育種家ハワード氏

ルーディアック氏と同夫人（夕食会にて）

イタリアのイチゴ生産の講演（フェアディ氏）

セミナー懇親会、ボランティアの面々

B　国際イチゴシンポジュームの点描　　　　織田　弥三郎

　私は海外の園芸関係の研究集会（ドイツ、北アメリカ等）に参加しておりましたが、1988年にイタリア、ボローニャ大学のロザティ教授から第1回国際イチゴシンポジュームの開催企画と参加要請の知らせが有りました。当時の欧州でも各国間のイチゴ研究についての情報の交流が少なく、世界で初めての企画でした。

　私は日本のイチゴの施設栽培についての口頭発表と、「蛍光灯下（低照度）でのイチゴ培養苗の光合成特性」についてのポスター発表を申し込みました。シンポの会期は5日間で、4日目は研究発表と農園視察の組合せでした。最後の日には総会で、国際イチゴシンポジュームをイチゴ生産国持ち回りで4年ごとに開催することが決まりました。

　口頭発表は日本で行われていた［電燈照明を利用したハウスの長日処理による促成栽培］を紹介したのですが、海外の研究者には電照を用いた生産技術はまったく理解外の様でした。後日、日本のイチゴ生産の様子として「Acta Hort」にも紹介されています。またそのシンポジュームでイタリアのイチゴ生産の規模や、生産、収穫とその後の流通は企業として行われ、輸出産業として成り立っている有様は驚きでした。

　そしてその後の国際イチゴセミナーの参加により、産地見学や懇親会において世界各国の研究者と知り合う良い機会になったと共に各国のイチゴ生産事情を知り得ることが出来ました。ここにその点描を挙げます。

国際イチゴシンポジュームは、イタリア、ボローニャ大学のロザティ教授の呼び掛けで、イタリアの2大生産地のボロニア近郊で1988年の5月に第1回シンポが開催されました。開催年は毎4年毎の世界各国持ち回りで開催が決議されました。

① 第3回（オランダ・ベルギー共催）で、筆者は生理部門で「日本のイチゴ栽培におけるCO_2施用」の報告をしました。（第3回シンポ）

②ドイツのオランダイチゴ属の分類の専門家・故シュタウト博士と共に（第4回シンポ）

③属間雑種の紅花の育種の講演（第5回シンポ）

第 2 章　イチゴセミナーとシンポジューム　17

④シンポ会場の展示会（第 5 回シンポ）

⑤エキスカーションで鮭のバーベキュー（第 4 回シンポ）

⑥野外でのランチ（第 4 回シンポ）

第3章 イチゴとは

A　イチゴは野菜か、果物か　　　　　　　　　施山　紀男

　リンゴやミカンと同じようにデザートなど嗜好品として食べるイチゴは、おかずとして食事の一部になっている野菜とは消費の形態が異なるので、一般的には「果物」に分類されています。それなのに「イチゴは野菜だ」と聞くとこういった疑問が出てきます。

図 3A-1　東京のデパート（川里）

図 3A-2　オーストラリアのスーパーマーケット（織田）

図 3A-3　米国ファーマーズ市（織田）

「統計からみると」
　まず、イチゴがどこで、なぜ野菜に分類されているのか、イチゴの生産と流通・消費に関係する統計からみてみましょう。家庭の消費動向に関する総務省の

「家計調査」ではイチゴを果物に含めています。また、卸売市場の「市場統計」でも果物に含めています。これに対して、農水省の生産出荷統計ではイチゴを野菜に含めています。ただし、「果物的に」利用されていることを考慮して「果実的野菜」と呼んでいます。このようにイチゴを生産している側では「野菜」に分類し、流通・販売・消費している側では「果物」に分類しているのです。

「なぜ、生産側では野菜に含めているの？」

それではなぜ、生産側でイチゴを野菜に含めているのかというと、園芸学で野菜と果物（果樹）を分類する基本的な基準の一つは草本性か木本性かで、この基準によって草本性のイチゴは野菜に分類しているのです。この分類は実際的にもイチゴの栽培状況と整合しています。例えば、プラスチックハウスなどの施設栽培が中心で毎年植え替えるイチゴの栽培技術や栽培農家の経営や営農の状況が野菜農家と類似していることです。

図3A-4 ベルギーの地中海料理店で、種々のキイチゴ、イチゴで飾る（織田）　　図3A-5 大阪のデパートでのイチゴ研究家ルーディアック氏（織田）

「世界ではどう分類しているの？」

ところが世界的に見ると、イチゴを野菜に含めているのは例外的で、欧米諸国では果実に含めています。それは小果樹類と呼ばれるグループにイチゴと近縁のキイチゴ類が含まれていることが主な理由です。しかし日本であえてイチゴを野菜に含めるという考えはイチゴの栽培が始まった明治時代から既にあったようで、例えば、わが国のイチゴ研究の先駆者福羽逸人博士は明治22年に出版された野菜の栽培法に関する著書の中でイチゴを取り上げています。

B　美味しいイチゴの選び方　　　　　　　　　　　　川里　宏

　店頭でイチゴのよしあしを見る場合は果実の大きさ、果皮の色、光沢、果実のはり、種子（正確には痩果）の色や付着の様子、ヘタの新鮮さなどが眼の付け所となります。ここでは主として甘さの面から考えます

1．美味しさ（甘さ）と関係が深い外観

（1）果実の形

　一般的に果実の頂部（先端部）は甘く果底部は甘くないのが見てとれます（図3B-2）。果底部の広がりがなくくびれている果実は果底部分が少ないので、全体として甘く感じます。果形には円錐、長円錐や丸形のものがあります（図3B-4）が、これは品種によるもので品質の良否には関係がありません。

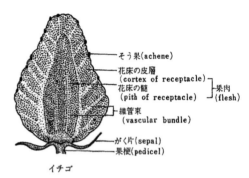

図3B-1　イチゴ断面図（松井原図）

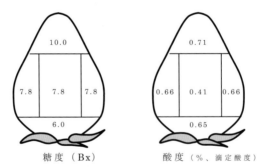

図3B-2　果実の部位別の糖度、酸度
　　　　品種女峰 '84年2月6日' 調査（川里原図）

　出荷されるのは正形果が大部分ですが品種の特性で果形は違ってきます。一時期、果実の先端部が幅広くなった変形果がお目見えすることがありますが、これは母体が元気良い証拠であり食味に問題はありません。

（2）果皮の色

最近は白や桃色のイチゴもあり、果色と品質の関係はなんとも言えません。しかし一般的には鮮紅色で光沢のある果が良いとされます。色の鮮やかな果は良く日に当たっており、果底部まで着色の良い果実が望ましいでしょう。光沢は畑の土壌条件にもよるとされ、品質には関係がないとも考えますが、光沢の良い果実のほうが魅力的です。

図3B-3　くびれた果実（川里）

（3）種子（痩果、つぶつぶ）の密度

種子の間隔が広いものは充分に肥大した果実といえます。特に果底部から種子が離れて付いている果実は甘いとされますが、これは果底部のくびれと関連していることでしょう（図3B-3）。

（4）種子の色

成熟すると赤くなったり黒ずんだりしますが、濃色のものが良く熟している果実です。

（5）萼片（へた）

萼片の新鮮さが美味しさの目安になります。へたが生き生きとして緑の濃い方が果色とのコントラストがよく、外観を良くします。へたの大小は季節によりまた品種により色々ですが、果実とのバランスがよく、ある程度そりかえっているものが良いとされますが、甘さとの関係は一概には言えません。

（6）果柄付の果実

つる付と称して果柄を付けたものがあります。果柄を付けると品質低下が少ないと言われています。

2．美味しさとあまり関係のない外観

（1）果実の大小

　LとかMという階級に分けて出荷され、店頭でも多くはこのままで販売されています。果実の大きい方が「母体」が順調に生育していることを示していますが、果実の大小と美味しさはあまり関係がありません。イチゴの花は1番花から2番、3番花と咲く順序により大小が出るので大果が必ずよいとは言えません。しかし、大果は多く1、2番果でありその株の「力」が集中しているので品質的には無難です。

（2）種子の浮き沈み

　表面の種子が目立つものと目立たないものがあります。

　目立つものは浮タネと言われ、高温時期のものや高温となる畝の南側に多いとされ、外観を悪くします。しかしこれも好みの問題であり、品種の性質でもあり何とも言えません。反対に種子が目立たないもの（種子が果皮に隠れているもの）は同じ品種では果実の肥大がよいとされますが、表面が擦れやすい欠点があります。

　以上果実の見方と選び方を記して来ましたが、品種の多様化、産地ごとのブランド志向があり包装やパッケージの創意工夫があり、イチゴの選び方もある意味楽しくなって来たのではないでしょうか。自分の好みの品種や自分なりの旬を見つけ、季節ごとに食味を楽しんでいただきたいと思います。

第3章 イチゴとは 23

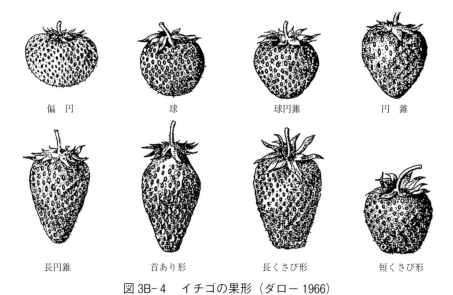

図3B-4　イチゴの果形（ダロー 1966）

C　イチゴの香り　　　　　　　　　　　　　　上田　悦範

　昔、イチゴは都市近郊の栽培地で春5月に収穫されて朝取りイチゴとして直ちに都市部に売りに来ていたものですが、その頃、イチゴは春の香りを運んでくれました。今は施設園芸が盛んになり、クリスマス頃にはすでに果物店やスーパーに並んでいます。その鮮やかな赤い色とともにイチゴの香りは春を待つ香りになりました。

　イチゴの甘い香りは何から成り立っているのでしょう？
① まず、エステルです。これは中学や高校で、酸（酢酸や酪酸等）とアルコール（メチルアルコールやエチルアルコール、ブチルアルコール等）を試験管で混ぜて濃硫酸を垂らした実験を憶えていますか。良い香りが出てきたと思います。これがエステルです。有機酸とアルコールから脱水し、エステルが出来たのです。イチゴに限らず、果物の中で絶えずこの反応が起こっているのですが、まさか濃硫酸は有りませんから脱水は水分の多い果物中では直接には起こりません。そこでまず、果物は有機酸の活性型を作ります。酸にコーエンザイム A（CoA）をくっつけてアセチル CoA、ブチリル CoA などを作ります。これには体の中で物質の合成や代謝を促すアデノシントリフォスフェート（ATP）の力を借ります。このように遠回りして有機酸の CoA 型とアルコールが結合してエステルを作るのです。もちろん各過程には酵素が働いています（図 3C-1）。

　上に述べたようにエステルが出来るので、果物に含まれるアルコールや脂肪酸の種類によって出来るエステルが違ってきます。栽培されているイチゴは他の果物と違って、収穫直後エチルアルコールはほとんどなくメチルアルコールで占められていますのでメチルエステルが多く出ます。エチルエステルに比べて甘い香りがします。これは他の果物にない特徴です。メチルアルコールは体に

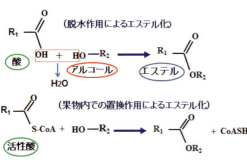

図 3C-1　酸とアルコールからエステルが出来る様子

第3章　イチゴとは　25

HO, O structure

2,5-dimethyl-4-hydroxy-3(2H)-furanone

図3C-2　イチゴに含まれる甘い香りフラネオールの構造式

悪いという事ですが、イチゴ中では少量のため問題はありません。

②　次にイチゴにはフラノン類の1種であるフラネオールやメシフランが少量含まれています（図3C-2）。これは砂糖などを焦がしてできるカラメルに含まれる甘い香りです。また、古くからイチゴ香の合成香料として登録されていました。まさか焦がしてできる化合物がイチゴの体内で出来ているとは、発見された時は驚きでした。鼻が感じる物を追って行けばこのような物質が見つかったのです。今ではパイナップルやメロン、マンゴ等にも含まれていることが分かっています。以上のエステルとフラノンの2つの化合物がイチゴの甘い香りを作っています。

　イチゴの香りが変化する？

①　品種によって変わる

　栽培種はエステルの組み合わせやフラン化合物、さらにほんの少し含まれるテルペン化合物（ミカン類に多く含まれている香り成分）の多少により違って感じます。最近では香りに特徴を出した品種も出てきています。しかしほとんど甘い香りは変わりません。ところが野生種には変わった香りの物もあります。ある野生種（*F. nilgerrensis*）は熟してもほとんど赤くならず、香りが桃の様です（6章-A参照）。この特徴を生かして栽培イチゴとの交配種が誕生しました。「桃薫」といいます。この野生種に含まれているアルコールはエチルアルコールが多く、エチルエステルを多く生成します。もちろんこの野生種も甘い香りのフラネオールは多く含まれています。

②　貯蔵によって変わる

　イチゴを一晩冷蔵庫に入れておくと、低温のためエステルを作る酵素の働きが弱まるため良い香りが出て来ません。すこし冷蔵庫から出して室温に置くと良い香りが戻ってきます。このようにエステルはその都度作られて拡散していく香りなのです。カンキツに含まれるテルペン化合物のように大量に作られ貯蔵してあ

る香り成分とは違うのです。さらに老化が進みますとイチゴ体内にエチルアルコールが増加してきてエチルエステルを作り始め、イチゴ本来の香りがしなくなって行きます。また新しくても通気性の少ないプラスチックで包装すると短時間でエチルアルコールが増えて香りが損なわれてしまいます。夏にはアメリカからイチゴが輸入されますがこれも硬さを保つため、プラスチック包装して二酸化炭素（20％）を入れて輸送されるのでエチルアルコールが増加してしまいます（香の質が変わる）。また、有毒な防虫剤臭化メチルによる燻蒸も行われています。これは日本の植物検疫を速やかに通るため輸出元で実施しています（モントリオール条約の例外措置）。日本の夏イチゴが国産に変わるように願っています。

③　冷凍によって変わる

　イチゴを冷凍して保存すれば香りも長持ちするのではと思われる方も多いと思いますが、解凍したイチゴは香りが良くありません。イチゴに限らず果物は冷凍によってエステルを生成する酵素群が壊れてしまい、エステルを作ることが出来なくなったからです。テルペンを多く持っている果物やハーブは冷凍後も香ります。さらに悪いことにイチゴは冷凍によって含硫化合物から臭い硫化水素が出てきます。ジャムの原料として加糖して大量に冷凍保存することが行われますが、ジャムを作る時には加熱するので硫化水素は飛んでしまうので問題はありません。濃縮によってフラン化合物が甘く香るのです。

　ついでにジャムについてもお話しすると、１番多く製造消費されているのはイチゴジャムです（２位ブルーベリージャム、３位カンキツマーマレード）。新鮮なイチゴから製造するジャムが香りの面で優れているという事ですが、それではと加熱しないで殺菌する加圧殺菌（200メガパスカル≒2000気圧以上）を施してジャムを作る試みがなされました。ところが消費者に受け入れられなかったのです。あまりに新鮮な味と香りがして、イチゴをつぶしてすぐに食べたような感じになったのです。ジャムは加熱濃縮を行った別の加工食品なのです。

　以上イチゴの香りを主にエステル生成から見てきました。イチゴの香りを楽しむのには新鮮さが一番だという事がお分かりでしょう。

第4章　日本の各地で育成された代表的品種

A　関東地域で育成された品種　　　　　　　　宇賀神　正章

1．スカイベリー

　栃木県の農業試験場が品種開発し、2014年に品種登録（品種名「栃木i27号」）されました。育成の系譜をたどると栃木県の育成品種の「とちおとめ」「栃の峰」「女峰」の他、沢山の品種や系統を掛け合わせてできあがった品種であることがわかります。

　「スカイベリー」という名前は全国公募により選ばれたもので、大きさ、美し

図4A-1　スカイベリー

さ、美味しさが大空に届くようなすばらしいイチゴという意味が込められています。

　果実は極めて大きく、とちおとめが1粒15グラム程度ですが、「スカイベリー」は25グラム以上の果実が2/3以上となり、1口では食べきれない大きな果実となります。

　形はやや縦長のきれいな円錐形で、果皮は明るい艶のある橙赤色で果肉は薄い橙色です。食べると果汁がたっぷりで、ジューシーでさわやかな甘みが口いっぱいに広がり、香りも十分にあり美味しいイチゴです。さわやかな甘さとジューシーさが際立っていることからいくつ食べても飽きが来ないのが特徴です。12月上旬から4月末までが出回り期間となりますが、栃木県の冬場の豊富な日照を受けて育つ12月から3月が美味しさの際立つ時期となります。

2．栃おとめ

図4A-2　栃おとめ

栃木県の農業試験場により「久留米49号」(「とよのか」×「女峰」)と「栃の峰」(「女峰」や「麗紅」の血を引く)を掛け合わせて品種開発されました。1996年に品種登録され栃木県(全国一の産地)の栽培面積の95％を占める主力品種で、京浜地区を中心に東北地方などに多く流通しています。

果皮は鮮赤で、光沢が良く、果形は均整のとれた円錐形です。果肉の色は薄紅で果実の中心は紅赤です。甘味と酸味のバランスが非常によく、口に入れた瞬間から濃厚な果汁があふれてきます。果肉は程よく締りがあることから日持ちも十分する品種です。濃厚で果汁もたっぷりあり、香りも豊かであることから、ジェラートやケーキなどにも多く利用されています。

いろいろな栽培方法により生産されており、最も早いものは10月から出荷が始まり6月上旬ごろまで店頭に並びます。栃木県では全国で最も多い冬場の日照を生かして栽培され、特に、12月から3月ごろは開花から収穫まで、じっくり時間をかけて育つため果実に甘味や酸味などの美味しさ成分を十分に貯えることから最もおいしい時期となります。

3．やよい姫

図4A-3　やよい姫

群馬県園芸試験場(現群馬県農業技術センター)が品種開発した群馬県のオリジナル品種です。「とねほっぺ」に「栃おとめ」を交配したものを育成し、それにさらに「とねほっぺ」を掛け合わせて誕生しました。2005年に品種登録され、群馬県の主力品種となっています。

果色が淡く鮮やかで、果形は整った円錐

形で平均果重が 20 グラムと大粒です。果肉は薄紅色で、果実の中心は淡赤色、果肉はしっかりしていて程よい硬さで、日持ちのするイチゴです。糖度が高く、酸味が低いため甘みを感じやすい品種です。甘味と酸味のバランスが良く、後味がさっぱりしたイチゴです。甘みが強くてほどよい酸味のある「やよい姫」は、生食はもちろんケーキなどに利用してもおいしく食べられます。ジャムやスムージーなどにもおすすめです。主産地の群馬県産を中心に 1 月頃から店頭に並びます。その名のとおり、最盛期は 3 月（弥生）で 2 月から 3 月頃を中心に、5 月頃まで出回ります。生産量が少ないことから流通は首都圏を中心とした関東地域が中心です。

4．いばらキッズ

茨城県農業総合センターが品種開発し、平成 24 年 12 月に品種登録された茨城県のオリジナル品種です。「栃おとめ」を母親に、「レッドパール」と、「章姫」の掛け合わせ（有望系統「ひたち 1 号」）を父親に交配して誕生しました。品種名は公募によって命名されました。茨城県のオリジナル品種ということがわかり、かわいらしさが表現されているという点からこの名前が選ばれたとのことです。

図 4A-4　いばらキッズ

果実はやや縦長の円錐形で、赤色が濃く、果皮は光沢が強いのが特徴です。果肉はしっかりしており、果肉の色は「栃おとめ」と同様で薄い赤色です。果肉の歯触りがしっかりしていながら、ジューシーで、甘いだけでなく、酸味も感じられ、加えて香りも豊かで、濃厚な食味です。茨城県内で栽培され、徐々に栽培面積は増えてきていますが、まだまだ市場に出回る量は少なく希少となっています。主に、1 月から 4 月が出荷期となっています。

5．越後姫

図4A-5　越後姫

　新潟県園芸試験場（現農業総合研究所園芸研究センター）で育成されたイチゴで、母親は「ベルルージュ」×「女峰」、父親は「とよのか」です。1996年（平成8年）に品種登録されました。新潟県の冬は気温が低く日照量が少ないなど、イチゴの生育にとって過酷な気候になっているため、2月～6月に安定的に出荷できるイチゴとして開発されました。「越後姫」の名前は「可憐でみずみずしい新潟のお姫様のようなイチゴ」ということから命名されたそうです。

　果形は短円錐～円錐形で、果実の大きさは15～17gで中程度、果皮は鮮赤色で、光沢の良い品種です。果汁が豊富で、香りが強く、甘みがあり、優しい酸味が特徴です。ケーキやタルトのトッピングや、スムージーなどにしても美味しくいただけます。果肉が柔らかく、傷みやすいことから新潟県外に出回ることが少ない品種となっています。

B 東海・中部地域で育成された品種

1. 章姫　　　　　　　　　　　　　　　　　　　　　　　竹内　隆

　「章姫（あきひめ）」は静岡県静岡市の故萩原章弘（はぎわらあきひろ）氏が1985（昭和60）年に「久能早生（静岡市萩原氏育成）」に「女峰（栃木県育成）」を交配・選抜して育成した品種です。作りやすく、たくさん採れて、食べやすくという目的に作られた品種です。1992（平成4）年に品種登録（植物の特許に相当）されました。

　静岡県、愛知県、三重県をはじめ、全国で栽培されています。全国の地方の市場に出荷され、店舗で並んでいます。また、多くの観光いちご狩り園でも栽培されています。果実が軟らかいため、市場流通しなくてもよい、観光いちご狩り農園にはうってつけの品種です。

　果実は、現在出回っている品種の中で最も長い形をしており、軟らかめです。また、酸味が最も少ない品種です。「紅ほっぺ」が登場するまでは静岡県の主力品種で、「紅ほっぺ」の母親にもなった品種です。

　果実の形は乱れにくく、きれいな形の果実がほとんどです。果肉は表面に近い部分が薄い赤色で、果心部分は白色です。大きい果実でも中心部の空洞（す入り）は出来にくく、あってもごく僅かです。果肉は柔らかくジューシーで、酸味が少ない分、甘さを感じます。表皮が柔らかく痛みやすいので、保存の際は要注意です。

　細長い品種は「章姫」とみて良いでしょう。また、基本的には果皮が鮮やかな紅色ですが、濃くありません。少し色が薄くても全体に赤色がまわっていれば大丈夫です。酸味が好きな方は、がく（へた）の部分が赤くない方が適当な酸味が効いていてよいでしょう。果実は少し軟らかいので、パックの中で押されすぎていないかも要チェックです。

図 4B-1　章姫

2．紅ほっぺ　　　　　　　　　　　　　　　　　　　　　　　竹内　隆

　「紅ほっぺ（べにほっぺ）」は静岡県農業試験場（現静岡県農林技術研究所：磐田市）で、1994（平成6）年に「章姫（静岡市萩原氏育成）」に「さちのか（旧野菜・茶業試験場久留米支場育成）」を交配・選抜して育成した品種です。「章姫」の収量が多いところや果実が大きいところ、「さちのか」の果実が傷みにくくてしまりがあるところや、食味にコクがあるところという、両親の良いところを引継いでいます。2002（平成14）年に品種登録（植物の特許に相当）されました。「紅ほっぺ」という名前は、果皮はもちろんのこと、果肉も鮮やかな紅色で、ほっぺが落ちるほどコクがあり美味しく、また親しみを持ってもらえるようにという願いを込めて命名しました。

　静岡県、愛媛県、愛知県、熊本県、宮城県をはじめ、全国で栽培されています。京浜地方の市場の他、全国の多くの市場に出荷され、全国の店舗に並んでいます。また、各地の観光いちご狩り園でも広く栽培されています。

　「紅ほっぺ」は大きい果実も小さい果実も採れます。甘味は強く、酸味もやや強いため、イチゴ本来の甘酸っぱさと深い味わいを堪能できる品種といえます。大きい果実でも、空洞（「す入り」）は、滅多にありません。果汁が多く、ジューシーな食感で、香りが良いのも特徴です。また、小さい果実は形が整っており、中まで赤くて適度な酸味があることから、クリームとの相性が抜群です。このため、ケーキのトッピングやサンド用、ジャム用にも最適です。

　果実の形は、やや長い三角形です。果皮が鮮やかな紅色をしているのが特徴なので、しっかり着色しているもの、濃すぎないものがおすすめです。大きい果実は、ゴツゴツしているものもありますが、これは栄養が豊富に育った証拠で、食べごたえ十分でおすすめです。

図4B-2　紅ほっぺ

3．ゆめのか

加藤 賢治

　「ゆめのか」は愛知県農業総合試験場が育成した品種で。2007 年に品種登録されました。「ゆめのか」という名前は「みんなのゆめ（夢）のかなう美味しいイチゴ」という意味が込められています。育成経過は、「久留米 55 号」に系 531（「女峰」×「ピーストロ」）の交配系統に「アイストロ」を交配した系統）を交配した系統から選抜されました。「ピーストロ」と「アイストロ」は、「ゆめのか」の前に愛知県が育成した品種です。

　果実は鮮紅色で、2 月までの平均果重が 20 g に達する大果です。糖度は「栃おとめ」や「章姫」並みに高く、適度な酸味があり、甘さと酸味のバランスに優れています。「ジューシーですっきりした甘さ」のキャッチフレーズどおり多汁質で、完熟果実には上品な芳香が有り食味は非常に良好です。1 月下旬に開催される愛知県いちご品評会でも毎年、上位入賞を果たしています。

　愛知県ではイチゴ栽培面積の 22 %、27.8 ha（平成 28 年度）で、「ゆめのか」が栽培されており、主に中京市場に出荷されています。また、長崎県などでも栽培が広がっており、県外の栽培面積は 133 ha に昇ります。最近の早生品種に比べると花芽のできる時期がやや遅いことから、本格的に初頭に並ぶのは 1 月からですが、この時期に収穫される果実は 30〜40 g を越えるものがあり、低温でゆっくり色づくため甘さは最高です。受験シーズンの縁起物として、「ゆめのかなうイチゴ」を贈るのはいかがでしょうか。

図 4B-3　ゆめのか

4．かおり野　　　　　　　　　　　　　　　　　　　森　利樹

　イチゴには「炭疽病」という深刻な病気があります。黒い斑点が付く病気で、その見た目から「炭疽病」と呼ばれますが、人に感染することはありません。

　このイチゴ炭疽病は、梅雨期に感染が拡がり、苗に病気が蔓延します。感染した苗は枯死し、ひどい時には苗が全滅してしまうこともあります。この時期に枯死を免れても、イチゴの体内に病原菌が潜んでいると、収穫直前の11月頃になってバタバタと株が枯れ始めることがあります。生産者にとっては、丹精込めて育ててきたイチゴが収穫直前に枯れてしまうので、大きなダメージになります。

　「かおり野」は、このイチゴ炭疽病に抵抗性を持つ品種として育成されました。炭疽病抵抗性品種は、1980年代の「宝交早生」以来、長い間途絶えていましたが、2002年品種登録の「サンチーゴ」で復活させ、さらに改良を加え、通算18年9世代に亘って複雑な交配を繰り返し「かおり野」が誕生しました。

　いわば独自に進化したといえる品種で、上品な香りが口の中に拡がり、ジューシーで、酸味の少ない爽やかな甘さが特徴です。極早生性で11月から収穫できますが、12月中旬から2月頃がお勧めの食べ頃、冬の日差しの中でゆっくりとため込んだ甘味を堪能することができ、食べた後に、いつまでも口の中に残る香りを楽しむことができます。「かおり野」の名前は、この心地よい上品な香りに由来しています。

図4B-4　かおり野

C 九州地域で育成された品種

1. さちのか
　　　　　　　　　　　　　　　　　　　　　　　　　　　沖村　誠

　野菜・茶業試験場久留米支場（現九州沖縄農業研究センター筑後・久留米研究拠点（久留米））において、イチゴの生産・出荷の省力化・合理化を図るため、促成栽培に適した生態特性と優れた食味に、安定した果実着色性と形状の揃い及び十分な硬さを兼ね備えた品種の育成を目指して、1987年に「とよのか」に「アイベリー」を交配し選抜した品種で、2000年に品種登録されました。

　果実は「とよのか」よりやや小さいですが、長円錐形で果皮、果肉ともに赤く光沢があり、着色に優れ、肉質は緻密です。果形が良く揃い、果実硬度が高いため、収穫・選果・パック詰めの作業性に優れ、日持ち性・輸送性が高いイチゴです。多汁で、糖度も安定して高く、甘味と酸味のバランスが良く食味が極めて良いうえ、ビタミンC含量が安定して高いです。九州を中心に西日本で栽培されています。

図 4C-1　さちのか

2. おいCベりー
　　　　　　　　　　　　　　　　　　　　　　　　　　　沖村　誠

　九州沖縄農業研究センター筑後・久留米研究拠点（久留米）において、近年の健康志向の高まりと消費ニーズの多様化に対応した、安定してビタミンC含量が高く、果実品質と収量性に優れる促成栽培用品種の育成を目指して育成されまし

た。2000年に育成系統「9505-05」に「さちのか」を交配し選抜した品種で、2012年に品種登録されました。

　果実中のビタミンC含量は収穫期を通じて安定して高く、高含有品種「さちのか」の約1.3倍を示します。さらに、総ポリフェノール含量も高く、高い抗酸化活性を有しています。果実は「さちのか」より大きく、卵形から円錐形で果皮、果肉ともに濃赤色で光沢があります。果実硬度は「さちのか」と同程度で、日持ち性・輸送性が高い上に、糖度が高くてほどよい酸味があり、食味が良い品種です。高付加価値品種として、九州を中心に西日本で栽培されるとともに、観光農園でも広く活用されています。

図4C-2　おいCベリー

3．あまおう　　　　　　　　　　　　　三井　寿一　　沖村　誠

　福岡県における「あまおう」以前の主要栽培品種「とよのか」は美味しい優れた品種でしたが、低温期の果実の赤色が薄く外観品質が劣っていました。そこで、果実着色を促進させるために、栽培管理では、果実の葉陰にならず太陽光に良く当たるように‘葉よけ’や‘玉出し’と呼ばれる煩雑な作業が必要でした。また、イチゴは果実の収穫やパック詰めを一粒ずつ手作業で行うため、小さな果実ほどその手間が大きいのです。そこで、福岡県農林業総合試験場において、低温期にも果実の赤色が濃く、果実が大きく、美味しいという特徴を目標に品種の育成に取り組みました。1996年に交配し選抜した品種で、2005年に「福岡S6号」として品種登録されました。なお、「あまおう」は商標であり、品種名は「福岡S6

号」です。

　果実は丸みのある大果で果皮、果肉ともに濃赤色で、厳冬期にも赤く色づき、果皮の張りが良く、極めて光沢があります。ほどよい硬さで多汁、糖度が高く酸味もあります。福岡県内の八女市、久留米市、広川町、大川市、糸島市を中心に栽培されています。

図4C-3　あまおう

4．さがほのか　　　　　　　　　　　　中島　寿亀　　沖村　誠

　佐賀県における「さがほのか」以前の主力品種「とよのか」は、花芽分化が安定し、高収量で果実硬度も高く、食味性に優れた品種でしたが、育苗に多くの労力を要することや、栽培特性として草姿が開帳性で花梗の伸長が悪く、果実の着色不良や形状が乱れる等作業性が劣り、高齢化の進む中で栽培管理や出荷調整の過労働などから栽培面積は年々減少傾向にありました。そこで、佐賀県農業試験研究センターにおいて、労働時間や労力を軽減し、ゆとりと潤いのあるイチゴ栽培を可能とする新品種の開発を目標に、主に育苗、葉かき、玉だし、摘果等の管理作業や収穫・調整等の省力化ができる品種の育成に取り組み、1991年に「大錦」に「とよのか」を交配し選抜した品種で、2001年に品種登録されました。

　果実は「とよのか」よりやや大きく、円錐形で丸みがあり、果皮は鮮紅色、果肉は白色で光沢があります。果形や大きさが良く揃い、果実硬度が高いため、収穫やパック詰めがしやすく、日持ち性・輸送性が高いです。多汁で糖度が高め、

酸味は少なめでさっぱりとした食味を示します。佐賀、熊本、宮崎、鹿児島など九州を中心に西日本で栽培されています。

図4C-4　さがほのか

第5章　イチゴの生まれ故郷、名前の由来及び生育サイクル

A　栽培イチゴの生まれ故郷　　　　　　　　織田　弥三郎

　日本の園芸書では近代栽培イチゴの生まれ故郷はオランダと書いてある場合が多いのですが、恐らくオランダ人が長崎の出島へ栽培イチゴを持ちこんだことをオランダを起源の地として誤解し、日本のイチゴ専門家などが書き広めたものと思われます。

　栽培イチゴの最大の特性は、どの野生のオランダイチゴ（*Fragaria*）属の他種に比べ、株が大型で果実も大果で

図5A-1　マプチェの村人とイチゴ畑
（フェアディ氏提供）

あり着果数も多く、多収であることです。その始まりは南米のチリーの先住民マプチェ族が発見し、栽培していたものです。その大果の雌性のチリーイチゴ（*F.*

図5A-2　市場のチリーイチゴ（フェアディ氏提供）

図5A-3　チリーイチゴ（上）及び北米産バージニアイチゴの株（下）（織田）

図5A-4　フレージア肖像画及び航海日誌（織田）　　図5A-5　チリーイチゴのスケッチ（フレージア1767）
（Musse de La Fraise et du Patrimoine Plougastel 所有）

chiloensis）（図5A-2、3）株がフランスへ持ち帰られ、北米産の多花性で、環境適応性のあるバージニアイチゴ（*F. virginiana*）（図5A-3）と果実の結実・収穫のため混植され交雑の結果、偶然に生じた実生が近代栽培イチゴの起源と推定されます。その経緯について以下に述べます。

18世紀の初め頃、フランス海軍軍人のフレージア（d'Amedee Francois Frezier）（図5A-4）は、当時スペイン軍が侵入し植民地化していたチリー中南部の軍事拠点のコンセプションへ、当時の国王ルイ14世の命で、身分を偽り調査に赴き2年間滞在しました。任務の傍ら、先住民のマプチェ族の栽培するこの大果のチリーイチゴを見て、詳細なスケッチを描く（図5A-5）と共に、何とかしてフランスへ持ち帰りたいと思いました。フレージアは遠いヨーロッパの故国へ困難を乗り越え、生きたチリーイチゴ株を持ち帰ったのです。

当時の帰途の航路は南米大陸の南端のホーン岬をまわり、酷暑の赤道を越えブラジルにも寄港して6ヵ月間もの長旅でした。フランスのマルセーユに着いた時は5株が生き残ったと記録されています。フレージアの選んだチリーイチゴ株は、全株が雌株ばかりでした（図5A-6）。

図5A-6　左：完全両性花　中央：雌性花　右：雄性花
　オランダイチゴ属の花（Staudt 1967）

彼はお世話になった方や植物園へ、

第5章　イチゴの生まれ故郷、名前の由来及び生育サイクル　41

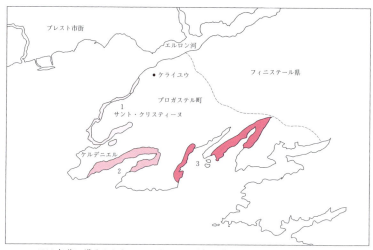

- 1710年代に導入されたチリーイチゴが最初に栽培された地域
1 ☐ 栽培導入初期のころの栽培地は、サント・クリスティーヌまでの半島北部沿岸に沿って拡大した
2 ☐ 1820年には半島南部へも栽培がはじまったが、ラヌーゼル、ケルデニエル、レウベルラの順に拡大した
3 ■ 1868年には、半島の南部側のドウアル・ビハントサンおよびセガにまで拡大した

図5A-7　フランス、ブルターニュ半島、プロガステル町へのチリーイチゴの導入地と栽培地の拡大（Musse de La Fraise et du Patrimoine Plougastel 所有）

チリーイチゴ株を分配し、残った1株を彼の任地のブレストに近いフランスの西端のブルターニュ半島のケライユウの農民に試作を依頼したのです。偶然な事に、チリーのコンセプションとブルターニュ半島は気候が良く似ており、夏は涼しく、冬は温暖で、半島の海岸部に沿いチリーイチゴの栽培地はこうして拡大して行きました（図5A-7）。

　この栽培の成功は、フレージア自身の大果のチリーイチゴの持つ価値の高さへの判断と熱意、実行力によると共に、以下に述べる幾つかの幸運が隅然に重なって2種間の交雑が起こりました。すなわち収穫漏れの成熟果実が地上に落下し、その種子から萌芽した偶発実生から新種の今日の栽培イチゴが生まれたと推定されます。

図 5A-8　当時のフランスでのイチゴ収穫
(Musse de La Fraise et du Patrimoine Plougastel 所有)

理由を列挙して見ますと：
① フランスのブルターニュの海岸地帯は気象環境がチリーのコンセプションに良く似ており、日長は真反対ではありましたが、温暖なメキシコ湾流北上で冬も温暖であり逆に夏は涼しく（地中海性気候）、チリーイチゴの花芽分化が十分に可能でした（図 5A-9）。
② フレージアが持ち帰ったチリーイチゴが全株雌株で、結実収穫のため北米産で花粉親のバージニアイチゴ（$F.\ virginiana$）を積極的に混植せねばチリーイチゴの果実の収穫が出来なかったために人為的に交雑の機会が作られました。
③ 両種が共に8倍体で、交雑が可能でした。
　こうして、偶発実生から今までに無い大果の果実を成らせた新種の株がどんな経路でオランダなどへ運ばれたかは不明ですが、「大果の新種」のイチゴとしてヨーロッパの園芸界の話題を呼び、巷ではこの大果の新種の香りがパイナップルに似ていることから誕生の由来も謎ながらパインイチゴとかアナナスイチゴと呼んだのです。
　一方、フランスのベルサイユ宮殿のイチゴの先進的研究家のデューセヌ（d'Antoine Nicholas Duchesne）は、世界のオランダイチゴ属の各野生種の形態特性をよく知っており、新種の特性の観察から、この新種はバージニアイチゴと大果のチリーイチゴとの種間交雑から誕生したと提言して、学名を $Fragaria \times ananassa$ Duchesne と命名しました。学名の最初の属名、フラガリアはラテン語

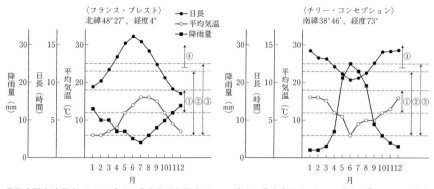

①果実肥大適温度（12～18℃）、②花芽分化温度（6～23℃）、③生育温度（6～25℃）、④ランナー発生日長（12～15時間）

図 5A-9　ブレストとコンセプションの気候条件とイチゴの発育生理との関係

(織田)

の香を表し、×の記号は、異なる種間の交雑を、種名のアナナッサはパイナップルの香りを表しています。この新種こそが現在の栽培イチゴなのです（図5A-10）。

　初期の栽培イチゴの育種は、フランス、ドイツおよびイギリスなどのヨーロッパ各国で行われましたが、特にイギリスのナイト（Knight T. A.）が育成したドゥトン（Dowton, 1817）、エルトン（Elton, 1828）、キーンズ（Keens M.）の育成したキーンズ シードリング（Keens seedling, 1821）などが大果でチリーイチゴの血を引く初期の栽培イチゴ品種の育種の成果として知られています。特にキーンズ シードリングは明治時代の日本にも輸入され栽培もされた品種です。日本初の品種、福羽もフランスの品種、ジェネラル シャンジイ（General Changy）の実生から選抜されたことは良く知られています。

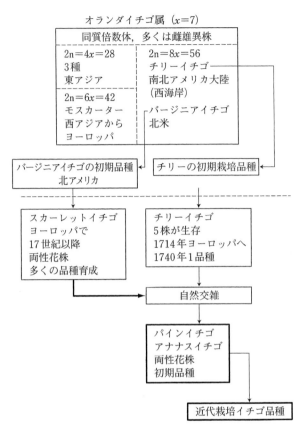

図 5A-10　野生イチゴから栽培イチゴの起源までの経緯（Jones、1976 年の図から織田が抜粋作成）

B　和名：イチゴの名称の由来　　織田　弥三郎　　風間　智子

　紀州藩、薬草園の畔田翠山（クロダスイザン）（1792～1859）（図5B-1）は、日本最古の正式な歴史書の日本書記から天正・慶長までに出版された膨大な関連書籍の「物の名称」を綿密に調べ、考証して「古名録：全43冊85巻」を著述しました。

　その中で、当時の我が国ではイチゴに関してヘビイチゴからキイチゴ等の果実の特性が似た植物の全てを区別せず、全部を同類として見ていると述べています。これはこの時代の日本の植物の専門家達（本草学者、漢方薬医達）の大勢を占める

図5B-1　畔田翠山の肖像画
（和歌山市立博物館提供）

見解であり、この類の代表的植物とは日本の至る所に自生する黄花のヘビイチゴ属（*Duchesnea* 属）の植物であったのではないかと、私達は推定します。

　例えば、エゾヘビイチゴ（*Fragaria vesca*）もシロバナノヘビイチゴ（*F. nipponica*）も黄花でない白花で、ヘビイチゴの仲間の変わりものとして命名したのかもしれません。しかし、この2種はヘビイチゴではありません。真のオランダイチゴ（*Fragaria* 属）の仲間です。

　シロバナノヘビイチゴを日本で最初に採取して、図鑑に掲載した岩崎灌園（1928）（図5B-2）も、このイチゴを単に「シロバナもの」として、正式の和名は付けていませんでした。また、岐阜の蘭方医、飯沼欲斉（図5B-3）さえも

 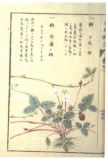 

図5B-2　岩崎灌園のイチゴ図と肖像画（武田文化振興財団提供）

図5B-3　飯沼欲斎の写真と日本で初めての栽培イチゴのスケッチ（欲斎研究会提供）

図5B-4　ノウゴウイチゴ発見碑（越川）

　自分の発見した新種のノウゴウイチゴ（*F. iinumae* Makino）の命名には迷い、彼の野帳には（洋産ヘビイチゴ）とも書いていました。「ヘビ」をつけるのは、果実の「似た」物を全て同類として見た過去の見解をひきずる名残かもしれません。
　イチゴの名称の由来を色々調べましたが、確定的な名称の起源はわかりませんでした。しかし、イチゴという名称は、千年以上も前の平安京の時代の頃（枕草子）から使われた名前で、当時に交易のあった中国大陸や朝鮮半島には、それぞれ独自のイチゴの名称が存在し、これらの国々から伝来した名称でもなく、恐らく日本生まれの固有の名称と考えられます。
　イチゴの名称の由来の説の1例をあげますと、明治に我が国の本格的な国語辞

第5章　イチゴの生まれ故郷、名前の由来及び生育サイクル　47

典の「大言海」を編纂した大槻文彦は、畿内で古くから土地の人々のキイチゴの呼び名であるイチビコの「ビ」が中略されてイチゴとなったと述べています。

　また、イチビコの存在は、最近の日本書記（720）の研究をした京都産業大学の森博達が「日本書記の謎を解く」で、朝鮮半島の戦争で捕虜となり来日させられた唐の人、読守言が執筆した第21巻の中の「月夜の埴輪馬」の項に、当時の土地の人々が応神天皇陵をイチビコの丘（蓬蘽の丘）と呼び、御陵に茂る蓬蘽をイチビコ「伊致寐姑」と言うとの記述があります。蓬蘽とは、小潅木のキイチゴの事と推定され、蓬蘽の丘の応神天皇陵は、今も大阪府羽曳野市に現存しています（図5B-5）。

図5B-5　（蓬蘽の丘）応神天皇陵（羽曳野市役所提供）

　現在のイチゴの名称とは、古代の畿内の土地の人々の呼び名のイチビコ（木本のキイチゴ）が時代とともに変容をして、現代の草本のイチゴに至ったとも考えられます。

　近年、平城京での出土木簡から多くの史実が判明してきましたが、平城京時代には里山に自生する野生のキイチゴを採取し、朝廷や貴族に献上していた様で、これを荷札として利用した木簡に記載しました。当時の庶民は文字を持たず、献上のキイチゴを中国から伝来の漢字を使い表記していますが、キイチゴの果実の干果は中国から朝鮮半島径由の医薬品でもありました（図5B-6）。漢字の素養のある人は中国風にFu pen Zi（覆盆子）と呼び、表記しました。漢字の素養のない庶民は（一知比古）あるいは（伊知比古）とキイチゴのことを色々な漢字を使い、木簡に書いています（図5B-7）。

　以上から、古代の平安京時代には日本人はキイチゴのことを覆盆子とイチビコと二つの呼び方があり（枕草子）、これがイチゴの名称の由来や起源を調べる上で混乱を招いたと思われ、植物名の語源を書いた多くの本にはイチゴの語源が書かれていない原因ではないでしょうか。

図5B-6　覆盆子―韓国江陵市で入手（織田）

図5B-7　出土した木簡（奈良文化財研究所提供）

泉坊進上覆盆子一古
天平十九年五月十四日桑原新万呂

C　露地イチゴのライフサイクル（生活環）　　　施山 紀男

　ここでは1年間の成長と発育のサイクルを生活環（ライフサイクル）と呼びます。この生活環の制御はイチゴの栽培で非常に重要な技術になっています。イチゴには一季成り性と四季成り性という開花の特性が異なる二つの品種群があります。下図はほとんどの栽培品種が含まれる一季成り性品種の自然条件での生活環を示しています。春先に温かくなり、日が長くなる（昼間の長さを日長と呼ぶ）と成長し、葉柄が長く、葉が大きくなり、開花して果実を着け（図5C-2の②）、晩春から初夏に成熟します。その後夏に多数のランナーが発生します（図5C-2の③）。秋に入り気温が下がり、日長が短くなると、芽の先端に花芽が形成されます（図5C-2の①）。花芽形成は冬に気温が下がって、成長が停止するまで続きます。花芽形成が始まった後、温度が下がり、日長も短くなると葉柄は短く、葉は小さくなって、地面に張り付いた状態になります。この現象を休眠と呼んでいます。休眠は冬のさらなる低温によって破れ、春先には再び活発に成長します。

　以上は自然条件での生活環ですが、この場合収穫期は晩春から初夏のおよそ1～1.5ヶ月にすぎません。現在日本では温室かプラスチックハウスで栽培され、収穫期は11月から翌年5月までと非常に長く、イチゴは冬から春の果実とみなされていますが、これは、生活環を人為的に調整することによって実現している

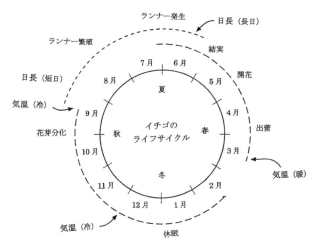

図5C-1　イチゴのライフサイクル（Battey）

①花芽分化期 9 月中旬

②開花結実期 4 月末

③ランナー発生期 6 〜 7 月

図 5C-2　イチゴ生活環の各時期
　　　　（織田）

のです。現在の主要な栽培法である促成栽培を例にその方法を説明しましょう。イチゴの果実を生産する上では生活環のうち花芽形成と休眠を制御するのが最も重要です。早く果実を着けるには花芽形成を早めることが必要なので、8・9月に低温か短日あるいは低温+短日の条件で苗を育てて、花芽形成を早めています。また休眠が深くなると、株が縮んだ状態になり、売り物になる果実は得られないのでハウスの温度を上げたり、あるいは電灯をつけて日長を長くして休眠が深くなるのを防いでいます。逆に、イチゴにはある程度休眠に入らないと連続して花芽を形成しないという性質があるので、適度に成長して、花芽形成が連続するような状態に休眠を制御しています。

　以上は促成栽培の基本的な原理ですが、現在は花芽分化が非常に早く、休眠のごく浅い品種が多く栽培されるようになって、あまり厳密な制御をしなくても長期間連続して収穫できる品種が増えてきました。なお、四季成り性品種は、一季成り性品種（普通の市販のイチゴ）が花芽を形成しないような長さの日長でも花芽を形成するので、春から秋まで開花するという特性が一季成り性品種との主な違いです。

第6章　注目すべき日本のイチゴ研究の成果

A　野生種から香りを導入したイチゴ品種「桃薫（とうくん）」

野口　裕司

　イチゴには「とよのか」、「さがほのか」、「かおり野」など「香り」を連想する品種名が非常に多く存在し、香りは重要な形質です。他の品種と一線を画す香りを持つ品種として、イチゴの野生種から新しい香りを導入した「桃薫」が育成されています。栽培品種（8倍体）と特徴的な香りを持つ2倍体野生種（*Fragaria nilgerrensis*）（図6A-1）との交配から、野生種の香りを持ち、果実品質が総合的に実用レベルであると判断される系統を選抜し、2011年10月5日に「桃薫」という名前で品種登録しました（図6A-2）。

　「桃薫」は極晩生で、通常の促成栽培では2月からの収穫となりますが、連続的に出蕾が続き、条件が良ければ7月まで収穫を続けられます。果実は収穫初期には円錐形の大果ですが、後期の果実は小さい球形となる傾向があります。果実は柔らかく、特にハウス内が高温となる3月、4月に傷みやすくなることから、輸送には注意が必要です。果皮色は淡黄橙色で非常に淡い色合いですが、光沢があり、痩果の落ち込みが少ないため外観が優れます。

　「桃薫」の香気成分はフラノン類（カラメル様香気）を特に多く含み、他にもオクタラクトン類（ココナッツ様香気）、およびドデカラクトン類（モモ様香気）が多いため、官能的にもココナッツ様の香り、カラメル様の甘い香り、特にモモ

図6A-1　野生種（*Fragaria nilgerrensis*）の果実

図6A-2　桃薫

図6A-3　「桃薫」の栽培
長崎県南島原市での栽培

様の香りを強く感じます。糖度はやや低めですが、今までのイチゴとは異なる芳香により、食味には格別な評価を得ています。

　芳醇な香りと淡く優しい果色が特徴の、まったく新しいタイプの「桃薫」は、早生性や輸送性に改善すべき点があるものの、これまでのイチゴにない特徴的な香りや外観を活かした用途拡大が期待できるイチゴ品種です。大きな果実を贈答用に、比較的小さな果実は洋菓子などの業務用に利用されています。

B　種子を蒔いて栽培するイチゴ新品種「よつぼし」

森　利樹

　「よつぼし」は、種から育てる画期的な新品種です。普通のイチゴは、親株からランナーと呼ばれるツルが伸び、その先にできる子株で増殖します。いわゆるクローン繁殖になります。これに対し、「よつぼし」は、トマトやキャベツのように種から育てる種子繁殖の品種として、三重県、香川県、千葉県と国立研究開発法人農業・食品産業技術総合研究機構九州沖縄農業研究センターの共同研究で開発されました。

　我が国のイチゴは温暖な西日本を中心に生産されていますが、その中で地理的に離れた4機関が、一番美味しい品種を作ろうと共同で取り組んだ結果、様々な環境条件でも安定して美味しい優れた品種が完成しました（図6B-1）。甘味、酸味とも強く、独特の風味があり、とっても美味であることから、四つの「味」を基に「よつぼし」と命名されました。「よつぼし」には、4機関が協力した期待の星という意味も込められています。

　種から育てるメリットは、増殖効率が高いことと、従来の品種で問題になっている親株から子株への病害虫やウィルスの伝染を回避できることです。従来の品種では大半の農家が自分で苗を育てていますが、この2つのメリットのおかげで、「よつぼし」の種苗は、種苗専門事業者から購入できるようになります。近い将来、ホームセンターでも苗を見かけることになるでしょう。

　「よつぼし」は、2014年1月に出願され、2017年2月に品種登録されました。本書で紹介されている品種の中で最も若い品種ですが、種から育てるニュータイプのイチゴとして注目されています。おいしい果実をお求めいただくとともに、種苗を買ってご自身で育ててみるのも良いのではないでしょうか。

図6B-1　よつぼし

C　休眠回避と果実の連続収穫（四季成り化）　久富 時男

　現在はイチゴが店頭に並ぶのは 12 月から 6 月の期間が普通ですが、1960 年代まではイチゴの出始めは初夏の頃でした。この収穫期の前進とその後の引き続く連続収穫は、新作型の農業技術の開発とイチゴの育種により達成されました。この項では、旧奈良農業試験場での休眠回避による「イチゴ宝幸早生の早採り（促成）長期収穫栽培技術の開発」から説明をしたいと思います。

　イチゴの早採り栽培は、古くは 1800 年代の後半に静岡県久能山において早生品種"福羽"を用いた石垣イチゴが有名で、現在も品種こそ違いますが、栽培が行われています。しかし、この栽培法は特殊な地域と栽培法によるもので一般に普及しませんでした。現在、広く行われている促成長期連続収穫栽培の確立には、イチゴの生態的特性を踏まえた技術開発が必要でした。

1．イチゴの生態的特性

　イチゴには、温度（低温）と日長（短日）に反応して花芽を作る一季成り性品種と、日長の長さに関係なく花芽を作る四季成り性品種とがあります。皆さんが初冬から初夏にかけて食べているイチゴの栽培には一季成り性品種が用いられており、四季成り性品種は品質が劣り収量も少ないことからイチゴの収穫端境期に寒高冷地で栽培されています。一季成り性品種の生態を少し詳しく説明しますと、自然条件下では夏の暑さが落ち着いた 9 月下旬の秋口に花芽分化し、続いて耐寒性の獲得のため茎葉が矮化して冬季休眠に入り生育がほぼ停止します。その後さらなる冬の低温で休眠が破れ、春先の日長、温度を感知し生育を開始し開花結実します。

　いったん休眠に入った株は、冬の寒さを一定程度経過した後でないと、温室などに入れて温度を高めても矮化したままで収量が上がりません。一方、イチゴには、冬の寒さに長期間さらされると花芽分化が連続して起こらなくなるという特性もあります。

　こういったイチゴの生態的特性を踏まえながら様々な作型の開発が行われてきましたが、12 月から 6 月までイチゴを収穫する促成長期栽培での技術上の大きな課題は、花芽を早い時期から作らせることと、休眠による株の矮化現象を回避

第6章　注目すべき日本のイチゴ研究の成果　55

することにありました。

2. 奈良県農業研究開発センターにおけるイチゴの促成長期栽培の開発

　1960年代に入ると都市化の進展によってイチゴ産地が移動し、奈良県でイチゴ栽培が始まりました。丁度その時期にビニールフイルムが農業資材として活用されイチゴのトンネル栽培、ハウス栽培が始まりました。当時のイチゴのトンネル栽培の初期収穫は4月上旬、ハウス半促成栽培は3月中旬で収穫期間も短いため収量が少なく、イチゴ栽培農家の試験場に対する要望は、イチゴの収穫期の前進と長期間連続収穫で多収を図ることでした。この要望を受けて試験場はイチゴの促成長期栽培技術開発の研究を開始しました。当時のイチゴ研究のスタッフが好奇心から菊栽培試験のために長日と加温処理をしたガラス温室に花芽分化が完了したイチゴ苗を持ち込んだところ、休眠に入ることなく出蕾、開花現象が連続することが認められ、イチゴの長期栽培技術開発の一つの大きなヒントが得られました。

（1）収穫期の前進

　イチゴは夏の高温条件下では花芽分化しないため、花芽分化促進の方法として高冷地育苗が行われましたが、実用的には問題があり、あまり普及しませんでした。その後、花芽分化ポット育苗で培地の窒素成分を抑え、遮光等で気温の低下を図ることで花芽分化が促進されることが認められ、技術として確立し普及していきました。また、12月から収穫するためには分化した花芽の発達促進も重要であり、温度や日長、施肥等の適正管理手法が確立されました。

（2）休眠現象と外部環境

　イチゴの休眠は短日、低温により誘起され、関西地域では11月初旬頃から入り、株が矮化します。したがって、10月20日前後からビニール被覆を開始して昼間20℃～30℃、夜間7℃～8℃を保つとともに、長日処理16時間（日没前から補光）を行うことで休眠による株の矮化を回避する栽培管理技術が開発されました（図6C-1）。

　この技術を用いると、頂果房の開花が早期に斉一に起こり、また、頂果房に続

図 6C-1　照明中のイチゴハウス及びその内部-静岡（斉藤）

く腋花房の分化も抑制されず連続的な開花がおこることが確認されました。この技術は、従来のビニール被覆により春の環境を早期に与えて3月より出荷するという単純な早出し栽培から、花芽分化を早めたうえで秋からの保温と長日処理により休眠回避と花芽発達を促進するという革新的な発想によるものでした。12月からの超早出しと6月までの長期間の収穫を可能にした、この画期的技術は、当時話題となりました。冬の低温の回避により花芽分化が初夏まで連続する現象は、"生態的四季成り"とかアメリカ西海岸イチゴ産地において冬温暖で夏冷涼な気候を活用した長期栽培で驚異的な収量をあげていることを踏まえて"カリフォルニア効果"とも言われています。

　このイチゴ促成長期栽培により奈良県のイチゴ生産量は飛躍的に増加し、1960年代には大阪市場のイチゴの占有率は40～70％を占めるようになりました。当時は電照ハウスの多い奈良盆地の夜は不夜城と化し、イチゴ収穫期になると試験場に大型バスが横付けになり全国からの見学者が殺到するようになりました。

　なお、最近はイチゴの育種が進み、「章姫」を筆頭に多くの休眠の浅い（短日条件下でも矮化しない）早生品種が育成され、これらを栽培すれば電照は不要になり、土耕であれば暖房をしなくてもビニール被覆だけで12月から連続で収穫ができるようになっています。

D 低収を引き起こすイチゴウイルス病とその無毒化

吉川 信幸

　イチゴウイルス病は、株の草勢が低下し、株全体が矮化することで、着果数の減少や果実サイズの小型化が生じ、収量や品質が著しく低下するイチゴの代表的な伝染病の一つです。イチゴに特有の複数のウイルスが重複感染して起こりますが、主な病原ウイルスにはイチゴクリンクルウイルス（SCV）、イチゴ斑紋ウイルス（SMoV）、イチゴマイルドイエローエッジウイルス（SMYEV）、およびイチゴベインバンディングウイルス（SVBV）などが挙げられます。単独感染を見る機会は、普通では見られませんが、単離した各ウイルス病による症状を示しましたのでご覧ください（図 6D-1）。

図 6D-1　単独ウイルス感染したイチゴの症状（吉川）
A：イチゴクリンクルウイルス（SCV）− *F. vesca* UC6　　　　小葉の湾曲症状
B：イチゴ斑紋ウイルス（SMoV）− *F. vesca* UC4　　　　　　黄色斑紋症状
C：イチゴマイルドイエローエッジウイルス（SMYEV）− *F. vesca* UC4　早期紅葉と葉脈えそ
D：イチゴベインバンディングウイルス（SVBV）− *F. virginiana* UC12　葉脈黄化症状

これらのウイルスは一般に、単独の感染では栽培品種に病徴を引き起こすことはありませんが、2〜4種類のウイルスが重複（混合）感染すると、葉の小型化や葉縁の黄化症状が現れ、株全体が矮化します。感染しているウイルスの種類が多いほど症状も激しく発現します。感染親株からランナーで増殖した子株には、親株に感染していた全てのウイルスが移行・伝染するため、親株をウイルス検定することは防除にとって必須なステップとなります。しかし、栽培品種の多くは、明瞭な症状は示さないため、ウイルス検定には、野生種（*Fragaria vesca* など）の特定の系統が検定植物として利用されています。使用されるベスカの主な系統は、元々カリフォルニア大学で選抜された UC 系統と呼ばれるもので、イチゴの小葉を接ぎ木（小葉接法）すると、各ウイルスに特徴的な病徴が現れます。

イチゴウイルスの名前は、*F. vesca* に現れた病徴に基づいて名付けられたものです。また、上記 4 種のウイルス（SCV、SMoV、SMYEV、および SVBV）は全てアブラムシ伝搬であるため、圃場での伝搬はアブラムシによって起こると考えてよく、特にイチゴケナガアブラムシは主要な媒介虫であることが明らかになっています。

イチゴウイルス病の防除にとってはウイルスフリー苗の増殖・栽培とウイルス検定が基本となりますが、イチゴでは、組織培養を利用したウイルスフリー化が早くから実施され、ウイルスフリー苗の栽培が行なわれてきました（図 6D-2、3、4）。またウイルス検定については、現在、遺伝子診断法（PCR 法）が開発され、以前の小葉接法では判定まで数ヶ月を要したのに比べて、非常に短時間（1〜2日）でウイルス感染の有無とウイルスの種類を診断できるようになっています。

第6章　注目すべき日本のイチゴ研究の成果　59

図6D-2　顕微鏡下でランナー生長点を取り扱う（織田）

図6D-3　皮を被ったランナー先の生長点（左）と生長点そのもの（右）（織田）

図6D-4　試験管内で伸長を始めた幼イチゴ（織田）

E　多収穫の基礎としての光合成研究　　　　阪本　千明

　1970年代、筆者が学生の頃、日本の施設イチゴの生産量において画期的な生産技術が旧奈良農試から発表されました。それは、従来の一季成り性イチゴ品種の定植苗を保温することによりイチゴ株を休眠回避させて、花芽分化を継続させ、12月から翌年5月まで連続して収穫する生産新技術です（生態的四季成り化6章C参照）。

　上記の改革は施設栽培の日本のイチゴの生産量（単位面積当たり）を多収に導いた素晴らしい方法でしたが、織田はカリフォルニア生産地を実地見学し、花芽分化期に温暖な地中海性気候のため、イチゴの着果をほぼ周年四季成り化している露地栽培を目の当たりに見て、その年間総収量に目を見張りました。日本の施設栽培のイチゴの収量（12月～翌年の5月）が全国平均で2.5トン/10aであるのに対し、カリフォルニアの収量（4月～10月）は5.6トン/10aもあったのです。

　そこで、日本とカリフォルニアのイチゴ生産量の違いは光合成量の差異に違いないと、施設栽培下のイチゴの光合成やビニールハウス内の環境を測定することにより、その収量の違いや改善する道を目指したのです。まず光合成の正確な測定法をイチゴの個葉レベルで行う事から始めました。ちょうどその頃、幸運にも織田や他研のスタッフの協力で赤外線式CO_2分析機が研究室に導入されました。機種は、相対値測定（同化箱前後の空気のCO_2濃度差を直接測定）が可能で、この方法により光合成がより精密に定量出来るようになりました。他方、個葉を測定するための同化箱は文献を参考に半自作で苦労の末、完成しました（図6E-1）。

　本項では、こうして作られた個葉の光合成測定装置によって明らかにされたイチゴの多収穫の基礎となる光合成に関するデーターを基に、米国カリフォルニア州と日本の収量差の原因の一端を推察し、ならびに研究から導かれた施設栽培下のイチゴ果実増収の道、CO_2施用の効果を紹介します。

図6E-1　個葉の同化箱（織田）

1．光合成能力の品種間差

　当初、日本と米国・カリフォルニア州との収量差は、栽培されているイチゴ品種の光合成能力の差に起因している可能性があると推測しました。そこでまず、米国及び日本の主要品種について光強度や温度を変えて個葉の光合成速度を測定し、両者を比較しました。しかし、いずれも同一か同一の傾向を示し、栽培品種間の光合成能力自体には、大差は認められませんでした。

2．光強度と光合成

　品種の光合成能力に差がなければ、次に考えられるのは光合成に関係する種々の環境要因、とりわけ光強度や日射量です。日本の栽培時期は冬季なのに対し、米国・カリフォルニア州では、日射の多い春季～夏季で、光強度や日射量が日本と比べ大きく異なっており、光環境が光合成量に及ぼす影響が収量差の一因と考えられます。そこで、当時の日本の主要品種であった「宝交早生」を用いて、光強度と光合成速度との関係（光―光合成曲線）を調べてみました（図6E-2）。なお、図で、光強度はPPFD（Photosynthesis Photon Flux Density）で表していますが、従来、光強度には照度の単位（Klux）が使われてきた経過もあり、

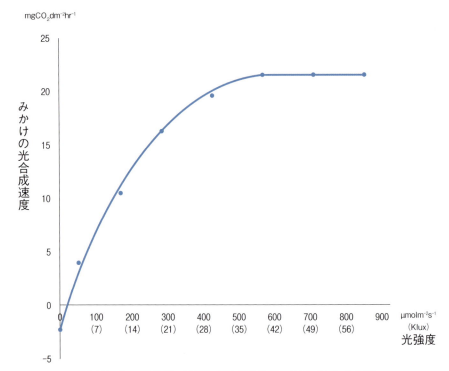

図 6E-2　栽培種（品種「宝交早生」）の光-光合成曲線
（葉温 22〜24℃、CO_2 濃度 360 ppm）

PPFD を Klux に換算した数値（換算式：1 Klux ＝ 14.4 μmol m^{-2}s^{-1}）も併記してあります。

　測定の結果、宝交早生の光飽和点（それ以上強くしても光合成が高まらない光強度）は 500〜600 μmol m^{-2}s^{-1}（35〜42 Klux）付近、光補償点（光合成による CO_2 吸収量と呼吸による CO_2 排出量が釣り合う光強度）は 25 μmol m^{-2}s^{-1}（1.8 Klux）付近という結果を得ました。一方、別途に冬の晴天日の正午頃にハウス内光強度を測定したところ、約 400 μmol m^{-2}s^{-1}（28 Klux）であり、太陽光が一番強い時間帯でもハウス内のイチゴ個葉はまだ光飽和点に達していない事が明らかになりました。すなわち、日本の場合、冬季のハウス内で株を構成する 10 数枚の葉は、重なり合いも含め光不足により光合成が制限されている状態にあると考えられます。当時、いわゆる「なり疲れ」現象（収穫時期の途中で、株

の生育が極度に落ちる現象）が大きな問題となっていましたが、これらのデーターから、その原因は第1にビニール被覆による光不足からくる植物体の光合成の不足であり、従って「なり疲れ」の対策には、ビニール被覆の洗浄などにより採光を良くし、後述の実験結果から CO_2 施用を行うことなど光合成を促進させることが有効であると言えます。

　一方、米国・カリフォルニア州でのイチゴ果実収穫期間は、光強度が強く、日射量も豊富な春から夏を中心に、しかも施設栽培ではなく光の制限されない露地栽培で行われています。個葉の光合成能力は日本の場合と同じであっても、光環境が異なるため、光合成不足が起こりにくい状態にあると考えられ、これが日本とカリフォルニア州との収量差の一因と推察されました。

3．温度と光合成

　イチゴの多収穫と光合成を考える上で光強度に続いて重要な環境要因は温度です。図6E-3は、栽培品種「宝交早生」を促成型で栽培した場合の各温度下における光合成速度（温度-光合成曲線）を示しています。

　光強度 $320\mu\mathrm{mol\,m^{-2}s^{-1}}$（22 Klux）下において、光合成の適温域は 20～30℃で、最適温度は 23℃付近に見られました。これまで、日本の冬の促成栽培では出蕾期の日中は 30℃を、開花結実期には 25℃を目安に温度管理がなされ、厳寒期の早朝は 20℃を目標にした加温も推奨されてきましたが、図6E-3より、これらの温度管理は、光合成の観点からも適切と言えます。また図において、栽培品種は 15℃付近の比較的低温域においても、高い光合成速度を示しています。このことは米国・カリフォルニア州における高収量の理由については、海風と陸風により昼夜の気温が栽培期間を通じて 13～23℃という温暖な地中海性気候であり、休眠回避をしながら連続出蕾して開花・結実するというバラ科特有の性質が主因（第9章 A3参照）ですが、物質生産の観点からは、この地の気温が栽培イチゴの光合成にとってほぼ適温域であることにもよると推察されます。

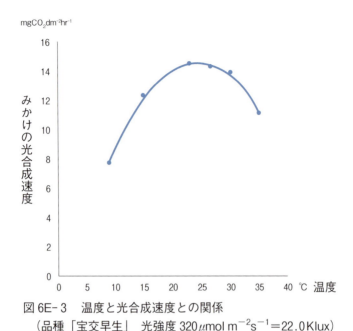

図 6E-3　温度と光合成速度との関係
（品種「宝交早生」　光強度 320 μmol m^{-2}s^{-1}＝22.0 Klux）

4．CO_2 濃度と光合成

　光合成には大気中の CO_2 濃度が大きく関与することが知られていますが、図 6E-4 は、促成型で栽培したイチゴ（品種「女峰」）の、種々の CO_2 濃度下における光―光合成曲線を示したものです。自然大気（360 ppm CO_2 濃度）下と比較して、200 ppm CO_2 濃度下での光合成速度は、どの光強度においても約 50％に低下しています。一方、700 ppm CO_2 濃度下では、600〜800 μmol m^{-2}s^{-1}（42〜56 Klux）の高い光強度で約 1.6 倍、200 μmol m^{-2}s^{-1}（14 Klux）の低い光強度域においても約 1.4 倍、1000 ppm CO_2 濃度下では、高い光強度下において約 1.8 倍、低い光強度域においても約 1.4 倍と、それぞれ自然大気下に比べて増加しています。とりわけ、低い光強度域においても、高 CO_2 濃度による光合成促進効果が見られることは、注目すべき事実でした。

　別途、ハウス内の CO_2 濃度環境についても調査しましたが、その結果、厳冬期で無換気の場合は、CO_2 濃度は 200 ppm まで低下していました。このように、冬季厳寒期のハウス内は、保温のため日中、閉鎖環境となる時間帯が多く、この

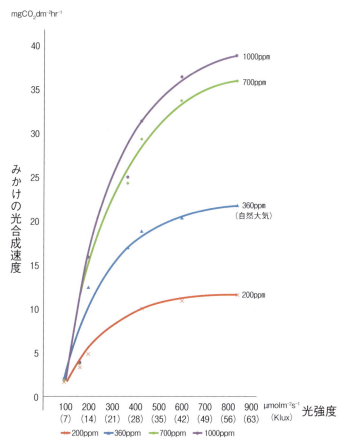

図 6E- 4　異なった CO_2 濃度下における光-光合成曲線
　　　　（品種「女峰」、葉温 23℃）

ためイチゴは CO_2 不足状態に陥りやすくなります。特に高設栽培で土壌有機物からの CO_2 供給が期待できない場合は、冬季で日射量が少ない上に、CO_2 が不足するため、光合成量が益々低下します。1970 年代に実用化され、現在も効果を上げている CO_2 施用栽培（図 6E- 5）は、このような背景のもと、光合成の促進技術として普及を始めました。しかし、もともとは、茨城、栃木など北部のイチゴ生産地で、早朝の保温用としてプロパンを燃焼させていたものを、生産者が同時に発生する CO_2 の効果をも体験的に認識するようになったというのが、

図6E-5　ハウス内 CO_2 施用の様子（櫻井文雄）

事の発端と言われています。これはオランダのレタス栽培において、保温用に用いた石油バーナーから発生する CO_2 の効果が、生産者によって認識されるようになったのと同じです。

　以上のように日本の場合、冬季の低日射ハウス内において、日中の CO_2 不足状態時に CO_2 施用を行い、光合成の促進を図ることは、私達の実験結果からも推奨され、その際の目標濃度は、経済性をも考え合わせれば、700ppmでも十分であると思われます。また、晴天日、天窓を開放した状態であっても、低濃度の CO_2 を施用することは、光合成を促進させる方法として有効であると言えます。

　次に、図6E-6は、促成型で栽培したイチゴ（品種「宝交早生」）の高 CO_2 濃度下における温度―光合成曲線です。自然大気下での適温域（17～27℃）に比べ、高 CO_2 濃度下の適温域は、800ppm下で23～30℃、1400ppm下で28～33℃と高くなっています。また高 CO_2 濃度下では、適温幅は狭くなっており、とりわけ低温域での光合成速度の低下が顕著です。これらのことから CO_2 施用時はやや高温管理の方が良いという結論が導かれます。

　しかし、ハウス内の温度管理は、光合成のみでなく、果実の肥大・成長など他の要因についても考えなくてはなりません。CO_2 施用中は高温の方が好ましいことを理解しつつ、他の要因とのバランスも考えながら温度管理の目標を設定する必要があると考えられます。

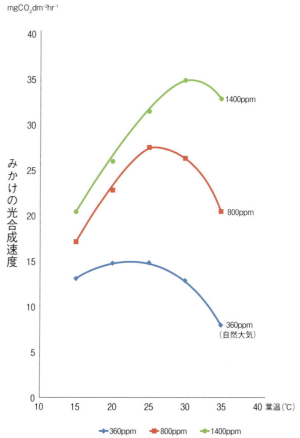

図 6E-6　高 CO_2 濃度下における温度-光合成曲線
（品種「宝交早生」、光強度 $860 \mu mol\ m^{-2} s^{-1} = 60$ klux）

5．チリーイチゴ、栽培イチゴ、バージニアイチゴの光合成速度の比較

　世界中で栽培されている栽培イチゴ *Fragaria × ananassa*（8倍体）は、*Fragaria chiloensis*（チリーイチゴ、8倍体）と *Fragaria virginiana*（バージニアイチゴ、8倍体）の種間交雑種であり、これら2種の交雑親の光合成速度を調べることは、イチゴの多収穫を考える上で興味あることと言えます。そこで、2種のイチゴの光―光合成曲線について調べ、栽培イチゴと比較・検討してみました

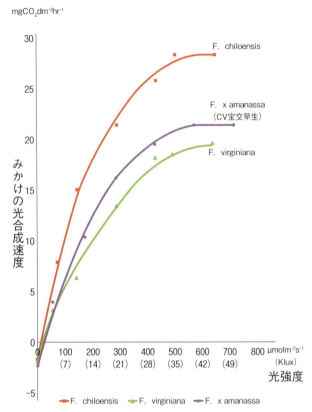

図 6E-7　Fragaria 属野生種 2 種の光-光合成曲線（栽培種も図 6E-2 より転載）
（葉温 22～24℃、CO_2 濃度 360ppm）

（図 6E-7）。

　図より、光飽和点及び最大光合成速度は、チリーイチゴが最も高く、バージニアイチゴは栽培品種とよく似た低い値を示しています。このことから、光合成能力という点について言えば、現在の栽培イチゴはチリーイチゴの高い資質をそのまま受け継いでいないことがわかります。逆に言うと、チリーイチゴを使った新たな交配により、今後高い光合成能力をもったイチゴの育成が可能だとも考えられるわけです。米国の Hancok は、私たちと同じ結果を得、チリーイチゴの高い光合成能力は次代に遺伝するとも報告しています。

　図においてさらに興味深いことはチリーイチゴの光合成速度は、低照度下をはじ

めあらゆる照度下において、他の2種を上回っていることです。このことは、チリーイチゴが、日本のように劣悪な光条件下の冬季栽培においても高い光合成能力を示し、多収性をもつイチゴの育種親として利用できる可能性を示しています。

　以上、大阪府立大学農学部蔬菜学講座では、織田弥三郎先生のもと、多くの専攻生がイチゴの光合成研究に取り組み、多収穫の基礎となる研究成果を生み出してきました。ここに示されたデーターは個葉の光合成特性であり、個体や群落の光合成を示すものではないという制約はあるもののこれら一連の結果から、あらためて日本の冬季イチゴ生産を見たとき、何よりも光条件による光合成不足が多収穫にとって大きな制限要因になっていることが推測されます。これは、低日射でかつビニール被覆ゆえの宿命とでも言えるでしょうが、逆にビニール被覆の閉鎖環境を利用して低濃度の CO_2 施用を積極的に行えば、低日射のハウス内であっても光合成は促進され、更なる多収穫が可能です。また、将来的には、低日射下においても光合成能力の高いチリーイチゴ（*Fragaria chiloensis*）の遺伝的資質を栽培品種に導入することができれば、冬季ハウス栽培での多収も不可能ではないと考えられます。

第7章　日本のイチゴの主な生産地

中野　正久

日本のイチゴ生産

(1) イチゴの生産動向

日本におけるイチゴの生産量は、生産者の高齢化の進展等から減少傾向にあります（図7-1）。

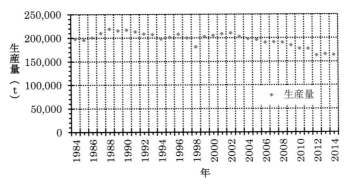

図7-1　日本におけるイチゴの生産量の推移（出典：FAO統計）

労働時間の内訳を見ると、栽培管理よりも収穫調整（収穫作業や出荷に向けた選別・箱詰めなどの調整作業）に多くの時間を要しており、その合理化が課題となっています。

(2) イチゴの主要生産県

農林水産省の野菜生産出荷統計によると、2015年におけるイチゴの収穫量日本一は、「栃おとめ」や「スカイベリー」で有名な栃木県で24,800tとなっており、昭和43年より48年間日本一の座を守り続けています。2位は「あまおう」で有名な福岡県で16,000t、以下、3位熊本県、4位静岡県、5位長崎県、6位愛知県、7位茨城県、8位佐賀県、9位千葉県、10位宮城県と続いています（図7-2）。

第7章 日本のイチゴの主な生産地

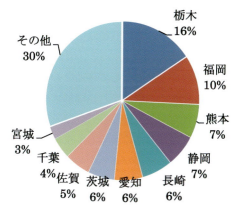

図7-2　日本のイチゴ生産に占める各都道府県の割合
（出典：平成27年度野菜生産出荷統計（農林水産省））

　日本地図で主要な生産県の位置を見ると、ビニールハウスや温室を利用した施設栽培の導入により日本におけるイチゴの生産時期が冬を中心としていることを反映して、暖房コストの比較的かからない関東以西の温暖地が多くなっていることがわかります（図7-3）。

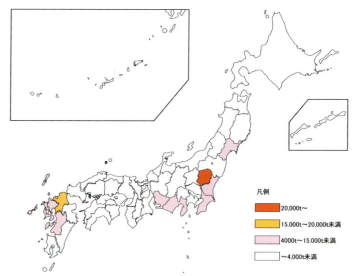

図7-3　都道府県別イチゴ収穫量（2015）
平成27年度野菜生産出荷統計より作成

(3) イチゴの価格の季節変動

　日本の自然環境では、イチゴの本来の収穫時期は5月～6月となります。しかし、スーパーマーケットではその半年前の12月頃からイチゴが購入できます。これはビニールハウスや温室などを利用して冬期でも春のような暖かい環境下でイチゴを生産しているからです。一方、7月以降はスーパーマーケットではほとんどイチゴを見かけることはなくなります。これはイチゴが高温を苦手とする作物であり、夏期には一部の寒冷地や高冷地でしか生産が行われていないためです。しかし、ケーキなどで年中一定の需要があるため、夏期には海外から輸入（主に米国）することで需要を賄っています。

　このように、国内のイチゴの生産量は季節変動が大きく、それに応じて価格の季節変動も大きくなっています。図7-4は東京中央卸売市場におけるイチゴの取扱数量と単価の推移をグラフにしたものですが、取扱量は12月ごろから増え始め、3月、4月をピークに減少し、7月から11月はほとんどないことが分かります。一方、単価の方は、入荷量の少ない7月から12月にかけて高く、その後入荷量の増加とともに単価が下がり、5月に底値となっています。なお、そこそこ取扱量がある12月に単価が下がらないのは、クリスマスの需要があるからです。

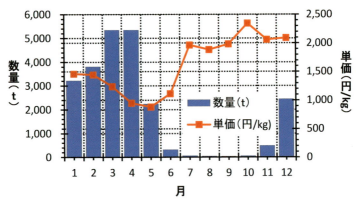

図7-4　東京中央卸売市場におけるイチゴの月別取扱数量と単価
（出典：市場統計情報（月報）

第8章　激動する世界のイチゴ生産

中野　正久

　FAOの統計によると、世界のイチゴ総生産量は近年大幅に増加しており、2000年には447万トンであったものが2014年には811万トンと、2倍近くに増加しています。地域別にみると、アジア、アメリカ、ヨーロッパの順で生産量が多く、いずれの地域でも生産量は増加傾向にありますが、特にアジアにおける伸びが著しくなっています（図8-1）。

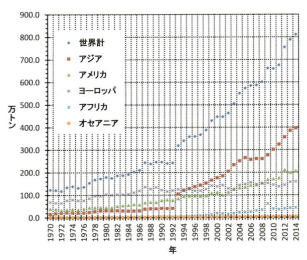

図8-1　世界の地域別イチゴ生産量（2014年、出典：FAO統計）

　国別の生産量を見ると、2014年では、中国が312万トンと断トツの世界1位の生産量であり、次いでアメリカ合衆国の137万トン、メキシコの46万トン、トルコ38万トン、スペイン29万トンと続いています。ちなみに2014年の日本の生産量は世界11位（16万トン）となっており、世界のベスト10から漏れてしまっています（図8-2）。

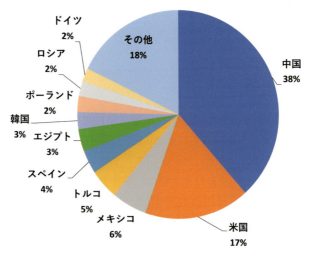

図8-2　世界のイチゴ生産に占める国別割合（2014年、出典：FAO統計）

　過去にさかのぼると、1993年まではアメリカ合衆国が世界1位の地位を長らく維持していましたが、1994年に中国に抜かれてからは、差が開く一方となっています。なお、1993年当時、日本の生産量は21万トンで、米国、中国、スペインに次いで世界第4位の主要生産国でした。しかし、日本の生産量は、その後世界のすう勢とは反対に減少傾向が続き、近年では隣国の韓国にも抜かれ、16万トン程度となっています（図8-3）。

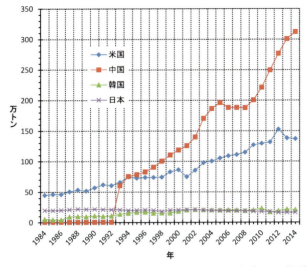

図8-3　米国、中国、韓国、日本のイチゴ生産量の推移
（出典：FAO 統計）

第9章　日本に隣接する海外のイチゴ生産

A　米国カリフォルニア州のイチゴ生産

織田　弥三郎　　　片橋　久夫

1．歴史的背景

　カリフォルニア州のイチゴ栽培は、1920年代、サンフランシスコやロサンゼルスなどの大都市の人口増加によるイチゴ生果の消費の拡大で起こりました。当時の栽培地は州内陸部にあるサクラメント郡など都市近郊などから始まったのですが、その単位面積当たり収量は低く、国全体に占める生産量の割合も5～7％でした。また、第2次大戦直後の数年間はブーム的に作付面積が急増しましたが、単位面積当たりの収量はやはり多くはありませんでした。

　今や、同州の生産量は約112万トン、全米での生産割合は約88％をしめ、単位面積あたり州平均の収量も約6.7トン/10aと、世界一の先進的な大規模露地イチゴ生産圏となっています。その多収産地への劇的な転換は1960年～1970年からの化学薬品による土壌消毒の普及にあり、年々の単位面積当たりの収量の飛躍的な増加に現れています。また、同州のイチゴ生産の特性は収穫がほぼ周年可能である事です。

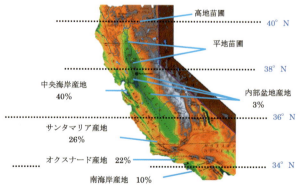

図9A-1　カリフォルニア州のイチゴ産地（片橋）

2．企業的な大規模露地栽培の多収地

　カリフォルニアのイチゴ産業は約1400万ヘクタールの大規模露地栽培で、多収産地である理由を列挙してみますと；
① 地中海性気候
　現在の栽培産地は、北からサンタクルス、モントレ、サンタバーバラ、ベンチェラー、オックスナード及びオレンジの各郡に南限はサンディエゴまでの太平洋に近接する沿岸地域で、気候は地中海性気候です（図9A-1）。
② 育種の成果
　近年の作付け品種は、カリフォルニア州立大学の育成品種（耐病性四季成り品種のアルビヨンや一季成り多収品種のベンタナー等が62％を占め、大学品種と呼ばれる）や専売品種と呼ばれ、企業のドリスコー社が育成した高品質のエム・シリーズの品種やウエルビック社が育成した品種が38％を占めています。
③ 栽培管理技術の改善

図9A-2　カリフォルニア州の大規模露地栽培と収穫物の集荷装置（織田）

④ 病害の克服
　過去約40年以上も萎黄病対策としての臭化メチル／クロルピクリン混合剤による土壌消毒の普及がカリフォルニアのイチゴの基本生産技術として採用されて来ました（図9A-3）。しかし、成層圏のオゾン層を破壊するものとしてモントリオール議定書により臭化メチルの使用が禁止され、現在は代替薬品で行われています。
⑤ 主にメキシコからの移民による低賃金での豊富な労働力（図9A-4）

図9A-3　臭化メチル等の土壌消毒（片橋）　　図9A-4　イチゴは手摘みでケースに入れる（織田）

⑥　収穫直後の予冷とCO_2処理を含む保冷輸送の完備（図9A-5、6）。

図9A-5　イチゴ処理用のCO_2タンク（織田）

図9A-6　予冷作業及びCO_2処理（片橋）

　今日のカリフォルニアのイチゴ生産では、土壌消毒剤の代替えによる環境保全や、夏の生産期に行われる膨大なチューブ灌水量をドリップ灌漑の節水への変換

や、安全でかつ持続的な有機栽培への配慮などに関心が高まりつつあります。

3. 地中海性気候とイチゴの特異な反応

　多収性という視点から見るカリフォルニアのイチゴ生産の特性は、バラ科のイチゴのライフサイクルがその気温条件下で生態的な変化を起こすという事です。カリフォルニア州太平洋に近い沿岸では、沖合を流れる海流の水温と、同州の背後に存在する砂漠からの海風と陸風が太平洋沿岸のイチゴ栽培地の気温変化を周年温和に保ち、下図（図9A-7）に示したロサンゼルスの曲線から分かる様に、秋の気温ではイチゴは殆ど休眠には突入出来ない気温環境にあると理解して頂けると思います。この現象は大西洋の冬の温暖な保養地のカナリー諸島でイチゴを栽培すると花芽分化が連続的に起こる特異現象（四季成り化）として、かなり昔から知られていました。カリフォルニア州の沿岸では、降雨は冬に集中し、夏には全く無いか、降っても極僅かなのです。気温は夏でも25℃を越える事はまれで、冬でも平均気温は10℃前後なのです。この休眠が出来ないか、出来ても休眠の程度が浅い環境ですとイチゴは夏の長日条件下でも涼温であれば花芽分化が連続し、イチゴ果実の収穫が周年の長期間になります。静岡の緯度（北緯34度58分）に近いカリフォルニアの生産地から、日本の夏のイチゴ端境期に日本を

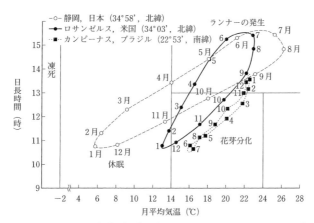

図9A-7　世界のイチゴ生産地（日本、米国カリフォルニア、ブラジル）における、月平均温度、日長時間と花芽分化の関係（織田原図）

始め海外へ輸出できる理由でもあります。

　日本の奈良農試で行われた最初の休眠回避の促成作型がこのカリフォルニアの長期収穫と同じ現象が起きていたと推定されます。今日、日本での90％を超えるハウス栽培では、比較的温暖な条件による休眠回避と休眠に入りにくい品種の開発によって促成・長期栽培が可能になっています。

B　中国のイチゴ生産　　　　　　　　　　　李　新賢

1．世界のイチゴ生産量

　2014 年の世界のイチゴ総生産量は 940.9 万トンで、国別にみると、中国が最も多く、311.3 万トン、第 2 は米国、137.2 万トン、続いてメキシコ、トルコ、スペインの順です。日本は第 11 位で、16.4 万トンでした。

2．中国のイチゴ生産の推移

　中国は広く、東西南北で自然条件が異なり、古代から多くのイチゴ野生種が分布しています。

　一方、イチゴの栽培歴史は浅く、初めて中国に導入されたのは 1915 年であり、今日まで約 100 年の歳月しか経っていません。経済的栽培は 1950 年代からであり、ランナー苗の増殖による大規模生産は 1980 年代から始まりました（鄧＆雷、2005）。イチゴの栽培面積は 1980 年に 666ha で、生産量 3000 トンであり、今世紀初めごろ、6.5 万 ha、119 万トン、20 年間でそれぞれ 98 倍と 395 倍増加しました（表 9B-1）。

　2001 年から 2014 年にかけて、中国のイチゴ生産量は大きく増加し、2014 年に 311.3 万トンとなりました。その間、米国の生産量は微増しましたが、日本の生産量はわずかながら減少しました。

表 9B-1　2000 年までの中国イチゴの栽培面積と生産量の変化

年	面積		生産量	
	万 ha	倍率	（万トン）	倍率
1980	0.07	1	0.3	1
1985	0.33	5	2.5	8
1995	3.67	55	37.5	125
1998	5.80	87	70.0	233
2000	6.54	98	118.6	395

鄧＆雷、FAO 統計 2005 年から合わせた。

3．中国のイチゴの反収と主産地

　2014年の中国のイチゴの反収は2.7トン／10a、日本よりやや低く、米国の半分以下でした（図9B-1）。

　栽培面積では山東、遼寧、安徽、江蘇の上位4省が約6割占めており、続いて、湖北、河北、四川、浙江、河南、湖南省を加えると全31省中の上位10位が栽培総面積の9割を占めています（図9B-2）。

　中国全土のイチゴの栽培地の分布については、中国園芸学会イチゴ分科会理事長張運涛博士から頂いた資料（図9B-3）に示しているとおりです。

図9B-1　中国のイチゴ反収（トン/10a）と日本及び米国との比較（FAO統計、2014）

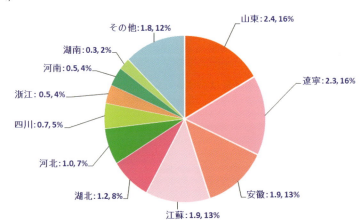

図9B-2　中国上位10省の栽培面積（万ha；中国園芸学会イチゴ分科会集計、2014年）

図 9B-3　中国国内イチゴの栽培分布イメージ（中国園芸学会イチゴ分科会理事長張運涛博士からの資料、2017 年）

4．中国のイチゴ栽培品種と新品種開発状況（UPOV 条約加盟済み）

　2014 年、中国イチゴ栽培面積の上位 10 品種は栽培総面積の 8 割を占めました。紅ほっぺが最も広く栽培されており、総面積の約 1/4 を占めました。第 3〜5 位のとよのか、章姫、さちのかの 3 品種を加え、日本の品種が半分以上を占めています。欧米品種では第 2 位の米国フロリダ品種 Sweet Charlie、第 6 位の Darselect、第 7 位の Allstar、第 9 位の A13 及び第 10 位の Honeoye がかなりの割合を占めています。一方、中国現地の品種は第 8 位の晶瑶とわずかしかありません（図 9B-4）。

　中国では、近年積極的にイチゴ育種研究が行われています。主な研究機関は瀋陽農業大学、国立鄭州果樹研究所、江蘇省園芸研究所、浙江省農業研究院、上海市農学研究院、湖北省経済作物研究所、雲南省園芸作物研究所などが挙げられます。北京市林業果樹研究所は育成権保護の申請では見当たらなかったものの、多くの新品種を作出しています。農業部植物新品種保護弁公室のホームページによ

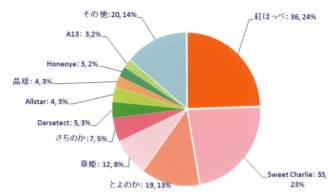

図 9B-4　中国のイチゴ品種栽培面積（万 ha）構成
（中国園芸学会イチゴ分科会集計、2014 年）

ると、2005 年から 2017 年 4 月までのイチゴの品種登録申請件数は 69 件であり、その内、中国国内は 29 件しかありませんでした。申請件数中、外国からの申請が多く占めており、日本、米国、イタリア、スペイン、イスラエル、韓国等からあり、日本は「あまおう」を含め 4 件記載されていました。因みに、中国政府は「植物新品種保護条例」を 1997 年公布し、1999 年に植物新品種の保護に関する国際条約（UPOV 条約）に加入しました。2005 年 5 月にイチゴ属を保護対象と指定しました。2017 年 4 月から、新品種登録申請費、審査費及び育成権維持費を免除しています。

5．中国のイチゴ学会等の活動状況

2012 年に北京で第 7 回イチゴ国際シンポジウムが開催され、約 600 名の外国イチゴ専門家及び関係者が集まり、国内からの参加者を加えると 1000 人を超えました。中国園芸学会イチゴ分科会は、毎年 1 回、各産地でイチゴ文化祭を開催し、文化祭の内容として、学術交流、産地見学、おいしいイチゴコンテストなどが含まれ、2017 年まで 13 回開催され、日本の研究者を含め世界から専門家を招き学術講演会が開かれています。また、これ以外に学術活動として、4 年に 1 回全国イチゴ大会が 2016 年までに 8 回行われました。さらに、各地方もイチゴ文化祭や、学術交流会などが盛んに行われています。色々なイベントで、イチゴ認

知度向上、学術交流促進、産業発展に大きく寄与していると思われます。

6．中国のイチゴ栽培方式

露地栽培の果実は主に加工原料として使われ、遼寧、河北及び山東省が主産地であり（図9B-5）、それ以外では、江蘇省及び浙江省でも多くありませんが、栽培されています。近年、露地栽培の場合、面積が広く、収穫と定植に過大な労力が必要ですので、栽培者の高齢化と後継者問題による労働力の不足、地価・資

図9B-5　露地栽培イチゴ（遼寧省丹東）（李）

材の高騰によるコスト増、悪天候による収量減、あるいは収量の不安定、加工原料市場需要の低下などの理由で、その面積は年々減ってきています。

促成栽培は、主産地の華北地域にある山東、河北及び東北地域遼寧省、そして、吉林、黒竜江省、西部地域の内モンゴル、チベット、新疆自治区において、冬に厚い布団か藁で編んだこもを保温のために掛ける日光温室が良く使われており（図9B-6）、太陽熱を活かして夜の外気温が−15℃から−25℃程度まで冷え込む環境下でも、温室内では5℃以上に保持されます。日光温室では、早いもので11月下旬から、翌年5月ないし6月まで連続的に出荷可能です。一部は保温のない、あるいは薄い毛布や藁をかぶせたビニールハウスを用いて春に早出しする栽培方法もあります。

南に位置する揚子江流域では、殆どビニールフィルムのトンネル栽培式が採用

図9B-6　日光温室（左：布団開状態；右：布団閉状態＋雪（李）

されており、冬期、加温せずに、内張りとマルチを用いて保温しています。

　最近、西南地区にある高原地雲南省、海抜の高い陝西省や河北省等の地域で夏秋どりイチゴの栽培が急成長しています。夏秋どりイチゴの品種は、米国カリフォルニア大学にて育成された Portola、Albion、Monterey、San Andreas などが用いられていますが、硬くて酸味が強いことから、よりおいしい品種が求められています。

　中国ではフルーツが好まれ、一人当たりのイチゴ消費量も日本の約 2 倍に近い量です。中国におけるイチゴの生産量はこれまで急成長してきました。これには、日本の品種や栽培技術が大きく寄与しており、これからも中国のイチゴ産業は緩やかながら拡大を続けるものと考えられます。

C 台湾のイチゴ生産 　　　　李　國譚（頼　羿均　日訳）

1．台湾のイチゴ生産の歴史

　台湾は、北はほぼ北緯25度から南は22度に位置する亜熱帯気候圏に属する島です。この地で冷涼な気候を好むオランダイチゴを栽培するには、生育適温から見ても栽培の困難が予想されます。しかし、現在の台湾ではイチゴは冬季に人気ある果実の一つなのです。台湾の栽培イチゴ生産は、過去何度も海外からのイチゴ品種の導入を繰り返していましたが、成功せず失敗に終わりました。そうした失敗の歴史を繰り返している内にジャム等の加工用のイチゴ生産から始めて、遂に生果で食べる果実の生産に成功しました。それは、日本品種の「豊香」の導入によるものでした。

　台湾でのイチゴ栽培は日本統治時代の1934年からで、日本の栽培イチゴ9品種を台北、陽明山へ導入したのが始まりです。しかし、どの品種も全てが生育不良でした。1964年導入の「マーシャル」は、ペクチン含量が大で、苗里県・大湖で加工用の品種としてイチゴ生産が開始されたのです。しかし、その後も導入の試みは続き1960年代後半には大量の品種が、また、同年代に「Aliso」と日本品種の「春香」および「久能早生」が導入されました。このうち「春香」は果実が硬く、加工用に栽培される様になりました。ここまでは台湾のイチゴ栽培は、もっぱら加工用専門の時代と言えます。しかし、1988年に導入された日本の品種「豊香」は、香りが良く糖度が高く、消費者に歓迎されて台湾の最大の重要品種となりました。ここにようやく台湾の、イチゴ生果の消費時代幕開けとなりました。

2．栽培面積と産地

　近年の総栽培面積は、450～580ヘクタールです。産地は、苗里県の太湖郷と獅譚郷に90％集中し、すべてが露地栽培です（図9C-1）。その平均収量は10a当たり1.3～1.8トンで、温帯圏の平均収量に比べ少ないです。他の産地は、台湾全土の観光農園として散在しています。

　収益は、ヘクタール当たり259万元（約930万円）を越えるとされ、台湾の全

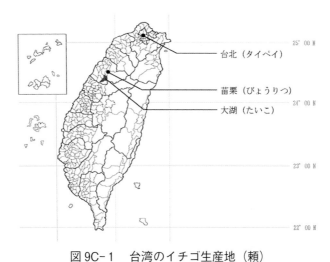

図 9C-1　台湾のイチゴ生産地（頼）

果物の内で、単位面積当たり最大となっています。

3. 主要品種

① 桃園1号

　近年、台湾独自のイチゴ育種も開始され、かつての最大主要品種の「豊香」から、桃園区農業改良場で選抜改良された「桃園1号」が、主要品種として普及を始めました。この品種は、果実の外観も良く、香りも高く台湾の消費者に人気があります。ただし、定植始めの炭疽病と萎黄病に弱い欠点があります。

② 桃園3号

　桃園区農業改良場で桃園1号と、同系統との交配から育成されました。同1号に比べやや多収で、果実も大きく香りも良く、病害抵抗性があります。主に観光農園で作付けされています。

③ 香水

　育成地は不明で、生産農家自身が導入しました。米国品種の「Sweeet Charlie」に似ています。果形が良く、表面の光沢が美しく、多収で、病害抵抗性も高いです。近年、栽培面積が増大しています。

④ その他

　桃園4号が、桃園農業改良場から発表されました。日本など海外品種は、台湾の高温と多湿には耐えられません。

4．栽培管理と収穫期

　既に述べましたように台湾は亜熱帯気候であり。収穫期は冬季に限定されます。
　栽培管理の主な要点は、栽培は露地栽培であり（図9C-2）、9月上旬に圃場の整地作業をして、畝立てを行いますが、夏季は、他野菜との輪作を行い、9月下旬から10月上旬に定植を行います。収穫期は、12月中旬から翌年の3月迄です。

図9C-2　台湾のイチゴ圃場-多くは露地栽培、一部は高設栽培されている（李）

図9C-3　新しく育成された加工用イチゴ（李）

第10章　イチゴの楽しみ

A　イチゴジャム

南場　芳恵

1．ジャムをはじめとするイチゴ加工品について

　イチゴは生果実として食べられるだけではなく、加工原料としてジュース、ゼリー、フルーツソース、及び、アイスクリームやヨーグルトといった乳製品などに幅広く使用されています。また、イチゴは古くから保存食品としてジャムに加工されてきました。ジャムは、果実等を糖類とともにゼリー化するまで加熱したもの、または、これらにペクチンなどのゲル化剤や酸味料、香料を加えたものを指します。ジャムは、英語の古い方言で「ぐちゃぐちゃ噛む」という意味の"CHAM"から生まれた言葉といわれています。

2．ジャムの国内生産量の推移

　2016年に国内で生産されたジャムは、家庭用ジャムと製菓用やパン用を含む業務用ジャムと合わせて50,678トンで、これに輸入量を加えると、国内での総供給量は54,825トンとなり、近年は微減傾向を示しています。近頃の嗜好の変化による甘さ離れから、ジャムは低糖度化が進み、2016年に生産された家庭用のジャムの49.5％が糖度55％未満の低糖度ジャムが占めています。

　また、図10A-1から、国内におけるジャムの種類別生産量は、イチゴが一番多くおよそ3割を占めており、ジャムの中でもイチゴは最も人気のあるアイテムだということが伺えます。

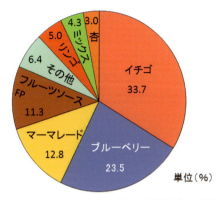

図10A-1　日本におけるジャム類の種類別生産割合（2016年）

3．冷凍イチゴの輸入動向

　ジャムの品質は原料に大きく左右されるといっても過言ではありません。現在は、日本国内をはじめ、アメリカ、南米及び中国など世界中から原料となるイチゴは冷凍状態で調達されています。図10A-2より、冷凍イチゴの年次別輸入を見てみると、ア

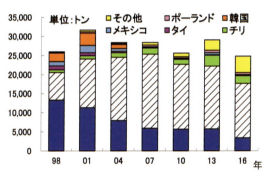

図10A-2　冷凍イチゴの年度別輸入通関統計

メリカからの輸入量■は年々減少し、中国▨をはじめとする国々からの輸入量が増えていることが分かります。

4．加工イチゴ原料の調達

　現在、国内で栽培されているイチゴはほとんどが生食用中心の品種です。海外、特にアメリカではイチゴの育種が盛んに行われており、Camarosa、Chandler といった生食にも加工にも適した兼用品種が栽培され、加工原料として日本にも輸出されています。ジャムをはじめとする加工原料には、栽培が容易で収穫量が多

いこと、病気耐性が強く、加熱加工した時に良い香りが残り、鮮やかな赤色を呈し、さらに、適度に粒が残ることなどが望まれます。また、近年では、原料に対して安全性が強く求められていますが、より品質の良い原料を確保するためには、原料管理に関しては、栽培から原料処理まで徹底的に管理を行い、鮮度を保持させたまま冷凍させ、安心・安全で美味しい原料を需要に応じて一年中提供する技術が重要であると言えます。

5．イチゴジャムの製造工程

　工場に入ってきた冷凍イチゴ（図10A-3）原料は、解凍され選別や品質検査が行われます。ジャムの工業的生産では、果実と糖類を加熱濃縮（図10A-4）し、ゲル化剤や酸味料を添加後、加熱殺菌をして容器充填を行い包装されます（図10A-5）。近年のトレンドとして、加熱量を抑えた果実本来の美味しさが求められています。

図10A-3　冷凍保存

図10A-4　ジャム混合濃縮過程

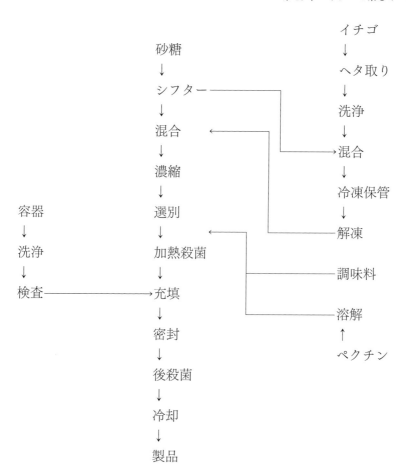

図10A-5 イチゴジャムの製造工程図

6. 加工イチゴ品種育成の取り組み

図10A-6　夢つづき

ジャムの美味しさの追求は各メーカーが取り組んでいますが、一例として著者らの取組みについて紹介します。先述の通り、ジャムなどのイチゴ加工品には、生食品種または生食加工兼用品種などがほとんどであり、加工に特化した品種は存在していませんでした。著者らは、農研機構と共同でジャムなどの加工に適したイチゴ品種の開発に取り組み、2015年にイチゴ新品種「夢つづき」を出願申請しました（図10A-6）。「夢つづき」は露地栽培に適しており、イチゴの最重要病害である炭疽病に抵抗性を示します。また、ジャムに加工した際に、鮮やかな赤色を呈し、独特の甘い香りが残ることが特徴です。さらに、収穫の際に果房が長く大果で果実が見つけやすく、果皮が硬いことから収穫作業時に取り扱いやすい上に、輸送にも耐えることが出来ます。今後、加工イチゴ原料への様々な取り組みが、より魅力ある新商品の開発と提供に繋がると考えられます。近年、消費者の安心・安全への関心や品質に対するニーズが厳しくなっており、これまで以上に時代の変化に対応しながら、消費者にとって魅力的な商品や情報を、より提供していく必要があります。

B　餅の歴史と、大阪のいちご大福の話　　　　菊田　正春

　餅の歴史は古く、奈良時代（713年）に編纂された「豊後國風土記」に、大きな餅を的にして矢で射たところ、その餅が白鳥になって飛び去り、その家は衰え水田は荒れ果ててしまったという記述があります。白い餅は縁起の良い白鳥に連想され、神秘な霊を宿すものと考えられ粗末に扱う事のないようにという意味があったと思われます。昔から餅は単においしい食物、保存のきく食物というだけでなく、神が宿ると考えられた特別な食物でした。また大福餅という呼び名は、大福長者のように白く、福々しい姿が庶民に愛され、使われるようになったといわれています。

　「餅の餡」も漢和辞典によると、もともとは「餅の中に入れる雑味」というものでした。南北朝時代の1350年（正平5年・観応元年）に中国の林浄因が来日し、後村上天皇にまんじゅうを献上したのが始まりといわれています。この時の餡は、今の肉まんのように肉類であったと思われます。

　現在の甘い餡の味付けに使われる砂糖が我が国に伝来したのは古く、奈良時代、754年（天平勝宝6年）に鑑真和上が来日の際、黒糖を持ってきたのが最初とされています。長い間砂糖は薬用として用いられた貴重なものでした。江戸時代になり、幕府が国産を奨励したため、徐々に広まっていきました。餡も始めは塩味でしたがこの頃から甘い味に変わってきたといえます。

　さて、肝心のいちご大福へもどると、大阪市旭区、花菖蒲で有名な大阪市営の城北公園を西へ少し行った、バス通りに面した赤川2丁目に、食い倒れ大阪が誇る「いちご大福」の老舗「松福堂 正一」があります。創業73年の小ぶりな店には、次から次へと客の絶え間がありません。お目当ては勿論「いちご大福」（図10B-1）です。創業者松井昭男は、現在の店から少し離れた市場の中で、「お菓子屋」というより「餅屋」という感じの店を開きました。当然何種類かあるにせよ、「餅」が主な商品です。当時、店の真向いが果物屋で、その頃かなり高級な感じのする「イチ

図10B-1　いちご大福（松井）

ゴ」が良く売れるのを見ていて、「うちの商品に応用出来ないか？」と考えたそうです。昭男はいろいろ考えては試してみるという人でした。

　早速、餅にイチゴを包んで店頭に出して見たところ、お客からは、これは面白いと好評を得ましたが、所詮小さな市場の中の店のこと、常連のお客の評判に止まり広がることは有りませんでした。そこで、「粒餡の大福餅にイチゴを入れ、甘味と酸味が味わえるようにしたらもっと喜ばれるのでは」、と考え、今の「いちご大福」が誕生しました。これも好評では有りましたが、特に宣伝をするでもなく広がりをみることは有りませんでした。

　当時商工会に入っていた関係で係の人から勧められて、大阪そごうで開かれた「なにわの味と技」に出品し好評を博しました。昭和60（1985）年のことです。また東京ドームで催された「ふるさとフェア」に出展、長い行列が出来ました。これがきっかけで全国のデパートから引き合いが相次ぎました。本来ならこれを機に生産を拡大、販売量を一気に増やしたいと思う処、イチゴの鮮度・品質管理の難しさ等を考え業務拡張には一つ間を置くことにしたそうです。せっかく評価されてきた商品ゆえに、もっと揺るぎの無い商品に育て上げねばという想いからでした。その熱意が評価され、平成10（1998）年第23回全国菓子大博覧会に於いて内閣総理大臣賞受賞の栄誉に輝きました（図10B-2）。

図10B-2　いちご大福賞状（松井）

　今も拡大主義をとらず、品質管理に細心の注意を払う経営方針は顧客の絶大な支持を得て、地方からの注文も増えてきています。新鮮なイチゴを使うため、冷蔵商品となるので餅が硬くならない工夫、小豆の品質等には特に細心の注意を払っています。

　イチゴと大福餅を融合させるという奇抜なアイデアを見事結実させた「いちご大福」これは日本が誇れる「和菓子」です。

第11章　イチゴ研究の未来を切り開く

A　イチゴのDNA分析からわかること　　　　　　磯部　祥子

　DNAの分析法は2000年代に「次世代型シーケンシング」とよばれる方法が登場し、大きく変わりました。このことにより「ゲノム」あるいはDNAといった言葉を身近に聞く機会も多くなったことと思います。ここで「ゲノム」とはそれぞれの生物が持つすべての遺伝子情報のことで、例えば私たちヒトは父親と母親から1セットずつのゲノムを引き継ぎ、2セットのゲノムを持っています。このゲノムを構成する物質がDNA（デオキシリボ核酸）です。多くの生物はヒトと同じく2セットのゲノムを持っているのですが、イチゴはなんと両親それぞれから4セットのゲノムを引き継ぎ、合計8セットのゲノム（8倍体）を持っています。そのため、両親の持つ様々な形質が子供にどのように遺伝するかを類推するのは非常に難しく、形質の遺伝の様子を調べたり、品種改良のための交配計画を立てるのは専門家でも困難とされています（図11A-1）。そのような難しさの中、開発された現在の品種は優れた遺伝子のバランスの上に成り立っています。そのバランスがいかに優れているかを実感するには、試しにスーパーで売られているイチゴから種（実の表面にある粒）をとって発芽させ、イチゴを育ててみると良いでしょう。これらの種は買ってきた品種の「子ども」ですので、親である

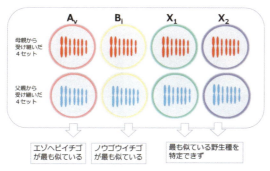

図11A-1　複雑な栽培イチゴのゲノム

品種とはゲノムを構成する遺伝子が違います。親の優れた遺伝子のバランスが崩れてしまっていることから、美味しい品種であっても市販されているイチゴの種から育てたイチゴはたいてい良い味がしないはずです。このように複雑なゲノムをもつイチゴは倍数体を見比べているだけではほとんど同じですが（図11A-1）、冒頭に述べた「次世代型シーケンシング」技術によりイチゴゲノム内のもっと詳しい遺伝子構造も徐々に解き明かされるようになりました。これにより分かったことの一つにイチゴがそれぞれの両親から受け継ぐ4セットのゲノムはそれぞれかなり異なる遺伝子の特徴を持つ、ということでした。また、4セットのゲノムのDNA配列を世界に分布する野生のイチゴ（野イチゴ）のDNA配列と比較したところ、日本が起源地であるノウゴウイチゴがイチゴの4セットのゲノムのうちの一つに最も似ていることがわかりました。つまりイチゴゲノムの一部は日本に起源している可能性が高い、ということになります。

　DNA分析はその他にも苗の管理や品種開発に用いられています。例えば、一部のDNA配列を分析することで、日本に流通しているイチゴ品種をほぼ全て識別することが可能です。このことにより、品種の見分けがつきにくい苗の段階で間違って異なる品種を混ぜてしまっても、DNA分析によりどの苗がどの品種であるのか同定することが出来るのです。このほか、DNA分析により一季成りと四季成りイチゴを判定したり、萎黄病など一部の病気に強い苗を選抜したりする技術が開発され、品種開発に役立てられています。このようにイチゴのDNA分析は私たちの生活に実は深い関わりを持ち始めているのです。

図11A-2　DNA解析機器室及びDNA実験室

B 完全人工光型植物工場でのイチゴ生産　　和田 光生

1．植物工場について

　植物工場とは、「環境及び生育のモニタリングを基礎として、高度な環境制御を行うことにより、野菜等の植物の周年・計画生産が可能な栽培施設」（農商工連合研究会植物工場ワーキンググループ、2009）とされていて、使用する光源によって、太陽光利用型、太陽光・人工光併用型及び完全人工光型に分類されています。平成21年度補正予算による経済産業省及び農林水産省の事業により全国10箇所に植物工場研究拠点が設置され、急速に普及しました（図11B-1）。完全人工光型植物工場で生産されている野菜は約90％がレタスで（図11B-2）、より付加価値の高い作物が望まれています。

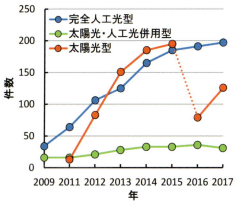

図11B-1　日本における植物工場設置件数の推移
植物工場実態調査（日本施設園芸協会。2017）より作図。注：太陽光型植物工場は、2016年より「施設面積が概ね1ha以上で養液栽培装置を有する施設」に限定されている

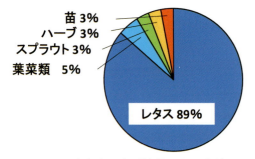

図 11B-2　完全人工光型植物工場の栽培品目
植物工場実態調査（日本施設園芸協会 2017 年）より作図

2．なぜ、完全人工光型植物工場でイチゴ生産か

　現在、日本におけるイチゴ栽培は、一季成り性品種を用いて、9月頃に定植を行い、12月～5月頃に収穫を行う促成栽培が主流です。そのため、6月から11月にかけての生産量は非常に少なくなっています。しかし、夏季にもケーキなどの材料としてのイチゴの需要は高く、夏季には、東北や北海道などの冷涼な地域で四季成り性品種を用いた栽培が行われていますが、ほとんどがアメリカやオランダ、韓国などからの輸入イチゴが利用されているのが現状です。そこで、イチゴの生産量が低下する夏季に人工光型植物工場でイチゴを生産しようとする試みが行われています。イチゴは果実を食用とする果菜類の中で、草丈が低く、光合成における光飽和点も比較的低いことから、果菜類の中では人工光型植物工場に適した作物と考えられています。人工光型植物工場でイチゴを生産できるなら、通常、イチゴを栽培できない中東などの高温乾燥した地域やシベリアなどの寒冷地での生産も可能となります。実際、日清紡は、徳島事業所で7万株、藤枝事業所で10万株のイチゴを完全人工光型植物工場で生産し販売しています。また、ローム、イチゴカンパニー、沖縄セルラーなども小規模ですが事業化を試みています。

3. 完全人工光型植物工場でのイチゴ栽培の試み

（1）品種

　イチゴには一季成り性品種と四季成り性品種があります。一季成り性品種は、日本で通常作られている品種で、甘みが強く、食味は良いのですが、花芽分化に低温と短日条件を必要とします。人工光では太陽光と比較して光が弱いため、光を照射する明期時間を長くして受光量を増やしたいのですが、明期時間を長くすると一季成り性品種では開花しなくなってしまう問題点があります。一方、四季成り性品種は、酸味が強い品種が多く、食味はやや劣りますが、長日条件で花芽分化できるため、完全人工光型植物工場に適するとも言えます。

（2）苗

　通常、イチゴはランナーを用いた栄養繁殖によって苗が作られます。植物工場では、いかに苗を生産するかも課題となっています。病害虫の持ち込みを防ぐために、ハウスなどで育苗した苗を使用することは敬遠されていて、完全人工光型植物工場でランナーによって採苗する方法、種子繁殖性品種を用いる方法、無菌培養苗を完全人工光型植物工場で育苗する方法などが検討されています。

（3）栽培環境

　著者らは、一季成り性品種を用い、完全人工光型植物工場でのイチゴの栽培条件について検討してきました。明期時間は12時間とし、明期27℃で、暗期温度を7℃あるいは12℃に設定して栽培したところ、7℃で果実重が重く、糖度が高くなることが明らかになりました。また、暗期温度を7℃とし、明期温度を22℃あるいは27℃に設定して栽培したところ、22℃でやはり、果実重が重く、糖度が高いことが明らかとなりました。株当たりの収量は、品種によって違いが見られ、「とちおとめ」では明期温度27℃の方が収量は多かったのですが、「さちのか」、「紅ほっぺ」、「章姫」では、22℃の方が収量は高くなりました。光強度は光合成有効光量子束密度（PPFD）で表されますが、通常レタスが栽培される150～180μmol m^{-2}s^{-1}程度では果実が小さく、収量が得られないことから、300μmol m^{-2}s^{-1}程度が必要と考えられています。また、通常使用されている光源では、葉柄の伸長が抑制されることから、700～800nmの波長域の遠赤色光

(FR)を付加することで収量が増加することが明らかとなっています（図11B-3）。さらに、赤色光と青色光の比率（R／B比）を変えることでも葉柄の伸長が制御でき、青色光の比率が高まるにつれて葉柄が伸長しやすいことから、品種によってR／B比を変えるのが望ましいと考えられています。

図11B-3　通常の蛍光灯（左）とFR（遠赤色光）を含む蛍光灯（右）で栽培したイチゴの様子

(4) 授粉

イチゴは授粉をしなくては果実が得られません。完全人工光型植物工場でいかに授粉を行うかも課題となっています。通常のハウス栽培ではミツバチが利用されますが、人工光下では正常に飛べません。授粉の方法としては、正常に飛ぶのに紫外線を必要としないマルハナバチの利用や、機械による振動授粉などが検討されています。

(5) その他の課題

人工光下では、葉の縁が枯れるチップバーンと呼ばれる症状が多く現れます。これをいかに低減させるかが課題となっています。また、果実が柔らかくなりやすくて日持ち性が低いことも課題となっています。これらの課題については環境条件を制御することによってかなり改善できることが明らかになってきていますが、最大の課題は生産コストであり、光熱費を軽減する手段が開発されなければ、本格的な事業化は難しいのが現状です。

第12章　アジアに自生する野イチゴ

A　日本、朝鮮半島、樺太に自生する野イチゴ

織田　弥三郎　　　阪本　千明

1．野イチゴとは

　オランダイチゴ属全体の種の分類を研究してきたドイツのシュタウトは、過去から現在までのオランダイチゴ属の種や変種を含めた特性を再検討して、その大半の 24 種が北半球の温帯から亜寒帯に存在すると報告しています。(Staudt. 2008)。しかし、彼の分類では山野に自生する野生種も、人が栽培する種の双方が含まれています。例えば、ベスカ（エゾヘビイチゴ）は人手によらず自生する野イチゴの種であり、他方、本種は小規模ながらヨーロッパで現在も栽培されている種でもあります。

　一方、野イチゴだけに注目しても人や渡り鳥によって最近渡来し、新しい適地に帰化した種と、遠い過去から何世代にも渡って特定の地域の環境に定着し自生する在来種が存在します。本章では、日本に自生する野イチゴとして在来種のシロバナノヘビイチゴとノウゴウイチゴの 2 種のみを日本の野イチゴとして紹介します。

2．日本の野イチゴの発見とその地理的分布

a　シロバナノヘビイチゴ（別名：モリイチゴ、*F. nipponica* Makino）

　日本人が、日本に自生するオランダイチゴ属植物を最初に発見したのがシロバナノヘビイチゴ（図 12A-1）で江戸時代末期でした。発見者は、江戸幕府の薬草園係りの岩崎灌園（1828）で、本州中部の山地で採取し、「本草図譜」に木版画として出版しました。ただし彼はこの野生種をヘビイチゴの「白花もの」として図示し、独立した和名をつけませんでした。その理由は、当時の日本人には、この類の代表植物とは日本の至る所に自生する黄花のヘビイチゴであり、白花のオランダイチゴ属の存在などは考えもしなかったと推定されるからです。

図12A-1　シロバナノヘビイチゴの花と果実（織田）

　このシロバナノヘビイチゴの地理分布は本州中部の山地から、北限は北海道東部までですが、国外では千島列島や、韓国のチェジュウ島のハルラ山にも自生が見られます。日本での南限としては、シロバナノヘビイチゴの亜種（*F. nipponica* ssp *yakusimensis* Masamune）が、九州南の屋久島の宮之浦岳（北緯、30.4°標高；1937m）山頂付近に自生しているのが見られます（図12A-2）。

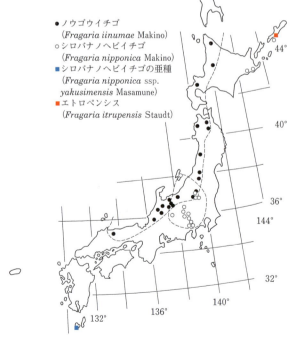

図12A-2　日本及びその周辺の野イチゴの分布（織田）

b　ノウゴウイチゴ（*F. iinumae* Makino）

　日本に自生するオランダイチゴで2番目に発見されたのがノウゴウイチゴで岐阜在住の蘭方医の飯沼欲斉によってでした。花弁が7枚の白い花です（図12A-3）。日本の固有種として、日本海側の福井、岐阜両県の山岳地から北は東北、北海道、樺太、千島まで、南は標高2000m以上の山岳地に自生しています。これらの地帯は冬期豪雪地でもあります。南限は島根県の伯耆大山です。

図12A-3　ノウゴウイチゴの花（花弁が7枚）と果実（左図　織田、右図　阪本）

B 中国大陸、台湾に自生する野イチゴ

李 國譚　織田 弥三郎

表 12B-1　中国大陸に自生する野イチゴ

1.	*Fragaraia vesca*	（森林草莓）
2.	*F. viridis*	（緑色草莓）
3.	*F. nilgerrensis*	（黄毛草莓）
4.	*F. nubicola*	（西蔵草莓）
5.	*F. pentaphylla*	（五叶草莓）
6.	*F. gracilis*	（纤細草莓）
7.	*F. mandschuria*	（東北草莓）
8.	*F. orientalis*	（東方草莓）
9.	*F. moupinensis*	（西南草莓）
10.	*F. corinbosa*	（傘房草莓）
11.	*F. moscata*	（じゃこう草莓）

中国大陸の国土は広大で、地域により乾燥地や高山、標高地、草原や砂漠などがあります。したがって気象環境の変化が大きく野生種の宝庫と言われています。瀋陽農業大学で野生種の収集と分類やその他の研究が行われています。本章では双明琴、雷家軍両氏の「中国果樹志、草莓巻」からの引用と李新賢氏から得た情報から自生地を紹介したいと思います。

上述の同書によれば、中国大陸には8～11種の野イチゴが自生しているとされ、野イチゴの自生地は東北地区の大興安嶺と小興安嶺、長白山、西南地区の泰貴高原、青蔵高原、西北地区では天山山脈に存在します。

種名は未同定ですが、下図は山西省の芦牙山で見かけた野イチゴの果実（図12B-1左）および河北省尉県での株の様子（図12B-1右）です。

図12B-1　中国大陸で見かけた野イチゴの果実(左)及び株(右)（前中）

一方、中国大陸から東にある台湾は、北回帰線が通り熱帯気象ですが、島内南部には高地や3000m級の高山があり、台湾固有の野イチゴ（*F. hayatae*）が自生します。

第 12 章　アジアに自生する野イチゴ　107

図 12B-2　台湾の野イチゴ（*F. hayatae*）（李　國譚）

第13章　付録　昔を振り返ってみる人間とイチゴの係わり

A　ネパールでは今でも野イチゴを摘む

（撮影；故西岡 京治、文：西岡里子）

　1962年大阪府立大学東北ネパール学術調査隊は4月17日にようやくインドのダージリンからネパール領に入国しました。雨季が始まる前に未踏峰の7,000m級のヌプチュー峰にアタックするために、毎日7時間余りのキャラバンでテント地に着くとくたくたでした。日ごとに道が険しくなり1,000mもの上り下りが続くのですが、7日目に標高2,000m位の草地で一休みしていると、40kgの荷物を担いでくれているシェルパの女性たちが一面に広がる野イチゴを喜々として摘みはじめ両手いっぱいの小さな真っ赤なイチゴを私達にも分けてくれたのです。久しぶりのとてものどかな風景でした。

図13A-1　4月24日ハラレバンジャン2,300mあたり。（西岡 京治撮影）

B 太陽熱で石を温めイチゴの早出し栽培（石垣栽培）

織田 弥三郎

19世紀末、静岡県の久能山と海までの狭いけれども温暖な耕地を活かし、福羽イチゴの栽培が始まりました。その時イチゴのランナーが近くの石垣に伸びて株が根付き、早く果実が赤熟するのを見て、石垣栽培が起こったと思われます。初期は天然石を利用していましたが、石に代わり人造セメントブロックを考案しました。植床の周辺を木枠で囲み、藁囲いから始まってガラス障子で覆うことで保温しました。苗を富士山麓に上げ、早く花芽分化を促し年末出荷していました。多分この石垣栽培は当時、世界初の促成栽培と思われます。一時は早取りで市場を独占したことも有ったそうです。今では、もっぱら観光石垣イチゴとして有名で、イチゴ狩りが人々を楽しませています。

天然石の石垣床

石垣イチゴーガラス戸で保温

石垣イチゴーむしろ掛けで保温

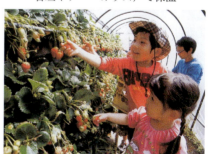
現在の観光石垣イチゴ農園

図 13B-1　石垣栽培とイチゴ摘み（桜井文雄）

索　引

50音

章姫　31, 83, 84
アナナスイチゴ　7, 42
あまおう　36
アルビヨン　77
飯沼欲斉　45, 46, 105
萎黄病　77
石垣栽培　109
イチゴアカザ　5
イチゴイチジク　5
イチゴウイルス病　57
イチゴグァバ　5
イチゴクリンクルウイルス　57
イチゴケナガアブラムシ　58
イチゴジャムの製造工程　93
いちご大福　5, 95
イチゴ断面図　20
イチゴツナギ　5
イチゴノキ　5
イチゴ斑紋ウイルス　57
イチゴベインバンディングウィルス　57
イチゴマイルドイエローエッジウィルス　57
イチビコ　47
イチビコの丘　47
一季成り性品種　50, 54, 101
遺伝子診断法（PCR法）　58
いばらキッズ　29
岩崎灌園　6, 45, 103
ウイルス検定　58
ウイルスフリー苗　58
ウエルビック社　77
紅細草苺　106
エステル　24
エゾヘビイチゴ　7, 45
越後姫　30
エム・シリーズ　77
エルトン　43
遠赤色光（FR）　101
おいCべりー　35

オオヘビイチゴ　5
オクタラクトン類　51
オランダイチゴ属（Fragaria属）　5, 39, 42, 45
オランダイチゴ属の花　40
開花結実（期）　50, 54
かおり野　34
価格の季節変動　72
加工イチゴ原料の調達　91
加工用イチゴ品種育成　94
傘房草苺　106
果実的野菜　19
果実肥大適温度　43
家族労働力　9
カリフォルニア効果　56
完全人工光型植物工場　99
関東地域で育成された品種　27
漢方薬医　6, 45
キイチゴ　6, 45
キーンズ　43
キーンズ　シードリング　43
黄花（ヘビイチゴ類）　45
九州地域で育成された品種　35
休眠　49, 55, 79
休眠回避　54, 80
偶発実生　41
クサイチゴ　5
久能山　54, 109
クリスマスの需要　72
クリンクルウイルス　57
クローン繁殖　53
畔田翠山　45
クロルピクリン　77
ゲノム　97
光合成有効光量子束密度（PPFD）　61, 101
光合成速度　61
黄毛草苺　106
香水　88
高設（溶液）栽培　9, 65

索　引　III

光熱費の軽減　102
光飽和点　62
光補償点　62
高齢化　9, 70
五叶草苺　106
国際イチゴシンポジューム　15
国際価格　10
コンセプション　40
西蔵草苺　106
最大光合成速度　68
栽培管理技術　55
さがほのか　37
さちのか　35
ジェネラル　シャンジイ　43
四季成り化　54, 60, 79
四季成り性品種　50, 54, 101
次世代型シーケンシング　97
じゃこう草苺　106
収穫調整　70
臭化メチル　26, 77
種間交雑　42
種子繁殖　53
春香　87
松福堂正一　95
晶瑶　83
小葉接法　58
植物新品種の保護に関する国際条約　84
シロバナノヘビイチゴ　5, 45, 103
人工光型植物工場　100
振動授粉　102
森林草苺　106
スカイベリー　27
生産動向　70
生態的四季成り　56
西南草苺　106
世界初の促成栽培　109
赤外線式 CO_2 分析器　60
赤色光と青色光の比（R/B比）　102
全株雌株　40
専売品種　77
増殖効率　53
草本性　19
促成長期栽培　55
大学品種　77
大規模露地栽培　76

大言海　47
多収産地　76
玉だし　36
CO_2 施用　16, 65
炭疽病抵抗性　34
地中海性気候　42, 63, 77
チップバーン　102
中国のイチゴ栽培品種　83
長日処理　55
チリーイチゴ　39, 67
DNA 分析　98
デューセヌ　42
電燈照明（電照）　15, 56
桃園1号　88
桃園3号　88
東海・中部地域で育成された品種　31
同化箱　60
桃薫　25, 51
豊香　87
ドゥトン　43
東方草苺　106
東北草苺　106
読守言　47
栃おとめ　28
ドデカラクトン類　51
とよのか　84
ドリスコー社　77
ナイト　43
なり疲れ　63
日光温室　85
日清紡　100
日本イチゴセミナー　11
女峰　65
ネパール　108
ノウゴウイチゴ　46, 98, 105
バージニアイチゴ　40, 42, 44, 67
パインイチゴ　7, 42
8倍体　97
パック詰め　35, 36
花芽形成　49, 50
花芽分化　50, 54, 56, 79
花芽分化温度　43
斑紋ウイルス　57
日持ち性　35
部位別糖度、酸度　20

覆盆子　47
福羽　43, 54, 109
富士山麓　109
フラネオール　25
フラノン類　25, 51
ブランド化　10
ブルターニュ半島　41
フレージア　40
閉鎖環境　65, 69
ベインバンディングウイルス　57
ベスカ　7, 103
紅ほっぺ　32, 84
ヘビイチゴ　5, 45
ベンタナー　77
伯耆大山　105
宝交早生　61, 62, 66
豊後國風土記　95
本草学者　6, 45
マーシャル　87
マイルドイエローエッジウイルス　57
枕草子　6

マプチェ　39
マルハナバチ　102
宮之浦岳　104
木本性　19
餅の餡　95
木簡　47
モミジイチゴ　7
森博達　47
モントリオール議定書　77
ヤナギイチゴ　5
やよい姫　28
輸送性　36
ゆめのか　33
よつぼし　53
予冷とCO_2処理　78
ランナー　49, 53, 59
ランナー発生（期）　50
蘭方医　45
緑色草苺　106
冷凍イチゴ　91
矮化　54

アルファベット

A13　83
aardbein　6
achene　20
Albion　86
Allstar　83
Arbutus unedo L　5
Camarosa　91
CHAM　90
Chandler　91
Chenopodium foliosum Ascher　5
Cortex of receptacle　20
d'Amedee Francois Frezier　40
d'Antoine Nicholas Duchesne　42
Darselect　83
Debregeasia edulis Wedd.　5
DNA　97
Dowton　43
Duchesnea. chrysantha Miq　5
Elton　43
Erdbeere　6

Ficus crassiranea Miq.　5
flesh　20
FR　102
Fragaria　5, 6, 39
Fragaria (*F.*) *chiloensis* (L.) Mill.　40
Fragaria (*F.*) *corinbosa*　106
Fragaria (*F.*) *gracilis*　106
Fragaria (*F.*) *hayatae*　106
Fragaria (*F.*) *iinumae* Makino　46, 105
Fragaria (*F.*) *mandschuria*　106
Fragaria (*F.*) *moscata*　106
Fragaria (*F.*) *moupinensis*　106
Fragaria (*F.*) *nilgerrensis* Schltdl.　25, 51, 106
Fragaria (*F.*) *nipponica* Makino　5, 103
Fragaria (*F.*) *nubicola*　106
Fragaria (*F.*) *orientalis*　106
Fragaria (*F.*) *pentaphylla*　106
Fragaria (*F.*) *vesca* UC4　57
Fragaria (*F.*) *vesca* UC6　57
Fragaria (*F.*) *vesca* Coville　7, 45, 106

索　引　113

Fragaria (F.) virginiana Duchesne　40, 42
Fragaria (F.) virginiana UC12　57
Fragaria (F.) viridis　106
Fragaria × *ananassa* Duchesne　42
fragola　6
fraise　6
fresa　6
Fu pen Zi　47
General Changy　43
Hancok　68
Honeoye　83
Jones　44
Keens seedling　43
Keens, M　43
Knight T. A.　43
Monterey　86
Musse de La Fraise et du Patrimoine Plougastel
　41, 42
PCR　58
pedicel　20

pith of receptacle　20
Poa sphondylodes Trin　5
Portola　86
Potentilla.recta L.　5
PPFD　61, 101
Psidium littorale Raddi　5
Rubus palmatus var. *coptophyllus*　7
Rubus. hirsutus Thunb　5
San Andreas　86
SCV　57
sepal　20
SMoV　57
SMYEV　57
Strawberry Broad　8
SVBV　57
Sweet Charlie　83, 88
TPP (Trans-Pacific Partnership)　10
UPOV　84
URAS II　60
vascular bundle　20

謝辞

織田 弥三郎

　この本を手に取っていただくと、多くの既刊の専門書には書かれていないイチゴのいろいろな物語に満ちているのがお分かりと思います。まさに専門知識に導く「イチゴ学への招待」というユニークな本であると自負しています。読み続けるうちに日本の近代の栽培イチゴの歴史、最近のイチゴ生産の成り立ち等が分かってくるようになっておりますし、さらに日本のイチゴ栽培の現状や問題点も読み解くことが出来ると思います。

　私は、イチゴの国内産地間の新品種育成競争（ブランド化）も大切ですが、海外のイチゴ事情にも視野を広げ、関税撤廃の TPP11（環太平洋経済連携協定）が発効される間近い将来を見据えなければ日本のイチゴ産業の危機が来るのではないかと憂いているのです。協定が発効されようとも、日本の市場のイチゴの価格が国際価格に近くて高品質で安全と定評があれば市場開放を恐れる事はありません。それには、産業に携わる各位が所属の垣根を越えて多収生産のため育種から栽培技術、収穫後の調整から出荷包装まで改善・合理化によりコスト削減に一致団結して乗り越える知恵を出さなければなりません。

　謝辞の最後になってしまいましたが、「イチゴ学への招待」の意を汲んで執筆頂いた共著者の皆様、野イチゴの採取ための案内と撮影に御協力頂いた皆様、貴重な古典の文献や写真の閲覧と掲載を許可頂きました研究所、博物館、市役所の諸機関や個人の方へ厚くお礼を申し上げます。また、この本を執筆する上で不可欠であった日本イチゴセミナーの活動は、研究成果と現場の橋渡しを 2018 年まで約 20 年間行いましたが、セミナーの運営にご協力いただいた試験場の方々、ボランティアとして手傳っていただいた方々にも、この場をお借りして心よりお礼を申し上げます。

編集後記

　たまたま、監修されておられる織田弥三郎先生の近くに住んでいたので、『イチゴ学への招待』編集をお引き受けしました。パソコンのコピーアンドペーストしか知らない私は、執筆者からくる原稿が揃えば２〜３週間で出来ると簡単に考えていました。ところが執筆者からの到達がバラバラ、内容や写真の扱いもバラバラでなかなか進みません。一応、形にしたのが１年以上過ぎてしまっていました。その間、織田先生には毎週のように激励を頂きやっとこぎつけた次第です。この本が出来るのにはもちろん執筆者の皆様のご協力が有っての事ですが、監修されている織田弥三郎先生がご高齢にかかわらず、こと「イチゴ」に関しては、並々ならぬ知識と熱情を持っておられ、長年の構想と日本イチゴセミナーの人脈とをもって作り出された本と推察します。イチゴに関して素人の私が何度も読み返して感じたことは普段スーパーで買うイチゴにこんなに沢山の物語があったのかと驚かされます。（上田）

【表紙の説明】
　この表紙に用いられている古世界地図は 1626 年に作成されたもので アメリカの公共文化財（パブリックドメイン）に登録されているものです。現在の栽培イチゴが南米のチリからヨーロッパそして日本に伝来した事をイメージしています。表の右下は 16 世紀以降に活躍したオランダ船で、左下は日本の現在の栽培イチゴの果実を示しています。裏表紙は長崎出島でのイチゴ栽培の様子です。帆船・出島の絵は神戸市立博物館の提供を頂きました。（菊田）

監修
織田 弥三郎

編集　　　　　会計
上田 悦範　　　阪本 千明
織田 弥三郎
菊田 正春
中野 正久

協力機関
飯沼欲斉研究会
神戸市立博物館
武田科学振興財団
奈良文化財研究所
羽曳野市役所
和歌山市立博物館

著者
磯部 祥子	かずさ DNA 研
上田 悦範	元大阪府立大学
宇賀神 正章	JA 栃木
沖村 誠	農林省
織田 弥三郎	元横浜国立大学・日本イチ ゴセミナー代表
風間 智子	大阪府立大学 OG
片橋 久夫	元（株）ダウケミカル
加藤 賢治	愛知総農試
川里 宏	元栃木農試
菊田 正春	大阪府立大学 OB
阪本 千明	大阪府立大学 OB
施山 紀男	元農林省
竹内 隆	静岡農総試
中島 寿亀	佐賀農防技
中野 正久	農水省
南場 芳恵	（株）アヲハタ
西岡 京治	（故）元 JICA
西岡 里子	元 JICA
野口 裕司	農水省農研機構
久富 時男	奈良農技研元場長
前窪 伸雄	大阪府立大学 OB
三井 寿一	福岡総農試副場長
森 利樹	三重総農試
吉川 信幸	岩手大学教授副学長
頼 羿均	高知大学
李 國譚	台湾國立大学
李 新賢	（株）アヲハタ
和田 光生	大阪府立大学

協力者
秋月 武児	畔田翠山研究家
石川 全	元大阪府立大学
板垣 守明	大阪府立大学 OB
稲原 平三郎	大阪府立大学 OB
植村 修二	大阪府立大学 OB
大和田 宏	日刊化学工業新聞社
川崎 秀二(故)	住商インターナショナル
川波 太	大阪府立大学 OB
越川 兼行	元岐阜農試
斎藤 明彦	元静岡農試
櫻井 文雄	元静岡市農協
櫻井 雍三(故)	大阪府立大学 OB
杉村 順夫	元京都工業繊維大学
鈴木 智博	愛知総農試元場長
陳 芳堯	太平プラスチック
道満 則雄	野イチゴ研究家
道満 光子	野イチゴ研究家
冨岡 敏一	元パナソニック(株)
古谷 茂貴	元農林省
前中 久行	元大阪府立大学
松井 弘之	元千葉大学

OMUPの由来

大阪公立大学共同出版会(略称OMUP)は新たな千年紀のスタートとともに大阪南部に位置する5公立大学、すなわち大阪市立大学、大阪府立大学、大阪女子大学、大阪府立看護大学ならびに大阪府立看護大学医療技術短期大学部を構成する教授を中心に設立された学術出版会である。なお府立関係の大学は2005年4月に統合され、本出版会も大阪市立、大阪府立両大学から構成されることになった。また、2006年からは特定非営利活動法人(NPO)として活動している。

Osaka Municipal Universities Press(OMUP)was established in new millennium as an association for academic publications by professors of five municipal universities, namely Osaka City University, Osaka Prefecture University, Osaka Women's University, Osaka Prefectural College of Nursing and Osaka Prefectural College of Health Sciences that all located in southern part of Osaka. Above prefectural Universities united into OPU on April in 2005. Therefore OMUP is consisted of two Universities, OCU and OPU. OMUP has been renovated to be a non-profit organization in Japan since 2006.

イチゴ学への招待

2019年3月30日　初版第1刷発行

著　者　日本イチゴセミナー
監　修　織田　弥三郎
発行者　足立　泰二
発行所　大阪公立大学共同出版会（OMUP）
　　　　〒599-8531 大阪府堺市中区学園町1-1
　　　　大阪府立大学内
　　　　TEL　072(251)6533
　　　　FAX　072(254)9539
印刷所　株式会社太洋社

©2019 by Japan strawberry seminar. Printed in Japan
ISBN978-4-907209-98-8 C3061